Corporate Interiors
No.4

CORPORATE
INTERIORS
No.4

世界建筑空间设计 **办公空间 4**

[美]罗杰·易 编著

张 莉 张应鹏 译

中国建筑工业出版社

著作权合同登记图字：01-2002-4981号

图书在版编目（CIP）数据

办公空间4/（美）罗杰·易编著：张莉，张应鹏译．
—北京：中国建筑工业出版社，2003
（世界建筑空间设计）
ISBN 7-112-05617-9

Ⅰ．办… Ⅱ．①易…②张…③张… Ⅲ．办公室
－空间结构－建筑设计 Ⅳ．TU243

中国版本图书馆CIP数据核字（2002）第108613号

Copyright © 2001 by Visual Reference Publications, Inc.

Corporate Interiors No.4 Edited by Roger Yee

本书经美国Visual Reference Publication Inc. 出版社正式授权我
社在中国翻译、出版并发行中文版

责任编辑：张惠珍 马鸿杰

世界建筑空间设计

办 公 空 间 4

[美]罗杰·易 编著
张 莉 张应鹏 译

中国建筑工业出版社 出版、发行（北京西郊百万庄）
新 华 书 店 经 销
深圳市彩帝印刷实业有限公司印刷
开本：787×1092 毫米 1/10
2003年5月第一版 2003年5月第一次印刷
定价：**368.00**元
ISBN 7-112-05617-9
TU·4944（11256）
版权所有 翻印必究
如有印装质量问题，可寄本社退换
（邮政编码100037）
本社网址：http://www.china-abp.com.cn
网上书店：http://www.china-building.com.cn

CONTENTS
目 录

导言	7
Ai 设计事务所	9
阿兰·盖诺设计公司	17
AREA 事务所	25
阿雷夫合作设计工作室	33
A/R 环境设计集团	41
伯杰·雷特设计合作公司	49
伯格梅耶合作公司	57
鲍特姆·杜维设计公司	65
布雷顿和胡夫设计工作室	73
凯瑞尔·约翰逊事务所	81
戴维斯－卡特－斯科特设计公司	89
DMJM 罗泰特设计公司	97
艾勒比·贝克特设计公司	105
弗朗西斯－考夫曼－弗莱－霍夫曼建筑师公司	113
加里·李合伙人公司	121
亨斯勒事务所	129
格里斯沃德－海克－凯里合作公司和空间/管理方案	137
格德温事务所	145
古兹建筑师小组	153
H. 亨迪合伙人事务所	161
希勒集团公司	169
HLW 国际公司	177
内达波波设计集团	185
亨兹曼建筑设计集团	193
IA 室内设计师公司	201
Interprise 设计公司	209
JPC 建筑师事务所	217
考曼,麦金内尔和伍德建筑师公司	225
基瑟合伙人事务所	233
雷奥塔设计师公司	241
列伯－库珀合伙人公司	249
LPA 设计公司	257
曼西尼－达菲事务所	265
麦卡西·诺得伯格有限公司	273
梅耶合伙人公司	281
莫乔－斯蒂默合作事务所	289
蒙鲁瓦·安德森设计公司	297
尼尔森事务所	305
N2 设计集团建筑师事务所	313
欧布瑞恩－特拉维斯－贾卡德公司	321
OP·X 公司	329
奥利弗设计集团公司	337
珀金和威尔事务所	345
珀金－伊斯特曼建筑师合伙人公司	353
普瑞斯顿·菲利普建筑师事务所	361
理查德－波拉克合伙人事务所	369
RMW 建筑设计事务所	377
RNL 设计公司	385
罗杰·费瑞斯与合伙人事务所	393
RTKL 建筑师事务所	401
佐佐木建筑师事务所	409
SCR 设计组织	417
SOM 建筑设计事务所	425
斯茂伍德－雷诺德－斯图亚特－斯图亚特室内设计师公司	433
斯佩克特,奈普和褒曼事务所	441
斯塔夫巴切设计合作公司	449
苏斯曼－提斯代尔－盖勒事务所	457
斯旺克·H·康奈尔建筑师事务所	465
斯维泽集团公司	473
特德·穆迪斯合作公司	481
茨罗伊/科布斯联合公司	489
TVS 室内设计公司	497
惠特尼公司	505
齐默－甘苏尔－弗拉斯卡合伙人事务所	513
营造明天的办公空间	521
工程索引	526

Introduction 导 言

What is Corporate America thinking? Take a look at where it works.
美国办公空间设计思路如何？试观其在设计中的体现

本书是《办公空间》第4辑，编辑这本书旨在解决以下三个关键问题：美国的办公空间是什么样子的？又是谁营造了这种空间？为什么这样设计？尽管目前市场上充斥着形形色色介绍家居装饰的图书和杂志，但直到这本书出版之前，还没有任何出版物针对每年办公空间设计的最新发展进行过及时、多样、广泛的概观。

公司管理者一旦意识到经营需求与办公空间设施功能之间存在的显著差距时，就会明白他们为什么需要这本书了。大多数的企业经营者缺乏建筑室内外设计方面的经验，更别提规划布局整个办公园区了；面对这项工作，他们很快显得一筹莫展：哪些建筑师和室内设计师能够为他们不失偏颇地指点迷津？哪一家设计公司最棒？怎样了解到设计公司的具体地址及其目前工作情况呢？

本书收入了64家顶尖设计公司的部分佳作，这些作品不仅具有强烈的视觉感染力，而且囊括了各类问题的解决方案。诸如：土地可行性调查，空间有效利用，有力的电力、电信及数据处理技术支持，充分关照照明设备、噪声标准、空气质量和工效性原理的可支配性办公环境等等。在本书中，您可以分享到设计师们对办公空间设计中这些多变的需求所提供的周密分析和精妙方案。

假如您曾经读过《办公空间》第1~3辑，您将发现这4年来办公空间设计发生了多么大的变化。我们精选的案例一方面标明了信息科技和生产效率的激增，同时也反映了网络产业的沉浮，此外还印证了诺尔公司(Knoll Inc.)受DYP市场咨询公司委托新近完成的一项调查结果。事实上，诺尔公司在调查报告中声明：办公空间并不会消失，良好的办公空间可以激发员工的创新意识、自信风貌，提高生产效率；反之，无纸办公只不过是异想天开；员工更需要真真切切的、适宜的办公场所及设施，而不是一种空洞的工作身份象征。

此外，书中（从540页开始）还专门刊登了一篇评论文章，此文深刻独到地探讨了如何营造完美的办公空间的问题，随后还附有一些生产商的资料，以供您和您的设计小组商议选用。大致浏览本书所选介的工程之后，您很有可能会颇有兴致，但是，请不要忘记，书中对各设计公司的介绍无非只是窥豹一斑。拥有满意的办公空间和设施将取决于您与建筑师及室内设计师的合作。正如我们书中的案例所表明的，许多公司管理者都在与建筑师及室内设计师通力合作，并已卓有成效。

出版商

莱斯特·邓蒂斯

Ai
Ai 设计事务所

2100 M Street NW
Suite 800
Washington DC 20037
202.737.1020
202.223.1570 (Fax)
www.aiarchitecture.com
kreid@aiarchitecture.com San Francisco

Ai

America Online Creative Center 2
Dulles, Virginia

美国在线第二创意中心
弗吉尼亚州，杜勒斯

左图：报告厅
下图：会议中心
对面页图：中庭
摄影：Jeff Goldberg/Esto Photographics

如何设计出一处办公空间既能满足业主的经营需要，又能为办公人员提供一个兴致盎然的环境？这便是美国在线邀请Ai事务所为公司700名员工设计杜勒斯第二创意中心的初衷。在这处230000平方英尺（约21367m²）的4层办公空间内，主要设施包括专用办公间、会议中心、报告厅、自助食堂和一个850车位的停车场。停车场位于南端，在这处100英亩（约404700m²）的场所的整体布局中，办公区使用面积超过2000000平方英尺（约185800m²）。一条南北向通道从室内中心穿过，衔接起三个中庭之间的两处核心区域。整个室内的家具均采用通高设计，主要材料为混凝土、不锈钢、玻璃、枫木和铝材。室内空间极为活跃，主要得益于设计师对形式、体量的生动处理，室内互成角度的墙、一气呵成的吊顶、无处不在的大玻璃窗、沉静暗淡的主色调以及戏剧化的照明设计在窗外郁郁葱葱的景色映衬之下，烘托出一派精致细腻的现代气息。

右图：走廊
左下图：自助食堂
右下图：中庭天窗

Ai

**The Rome Group
Washington, DC**

罗马集团
华盛顿特区

右图：开放式布局工作区
下图：会议室室内
摄影：Walter Smalling, Jr.

罗马集团（The Rome Group）设在华盛顿特区，是一家房地产经纪公司。现在，正为地处繁华闹市区的位置难以避免的少窗和采光不足等通病而苦恼不已。为了改善室内采光问题并且让室内15名办公人员尽可能"感觉空间高一点"，设计师在处理室内专用办公间、开放式工作区、会议室、活动室及就餐室等设施时，采用了铝框镶聚碳酸酯板的隔断和贴面；此外空间内还通过其他一些建筑语汇进行补充映衬，比如木材、金属、混凝土、地毯、夹丝玻璃、地板漆以及墙面的蓝色涂料等。会议室位于室内醒目位置，如同一盏明灯，散发出或自然或人工的光辉，烘托出酷酷的极具现代感的背景。在这个设计中，有限使用的自然光为室内增色不少。

Ai

**MCI WorldCom
Advanced Networks/UUNet
Reston, Virginia**

MCI 全球公司，高级网络部
弗吉尼亚州，雷登

对于公司的经营运作而言，市场部和培训部都至关重要，Ai 设计事务所在设计中特意为公司营造出一处 35000 平方英尺（约 3250m²）的两层空间进行商务与培训活动；此设计既成本经济又赏心悦目，MCI 全球公司对此深为满意。设计师在室内插入一系列建筑"体"，为周围空间创造出宽敞的空间感受。整个办公场所中，有一处休息室备受大家青睐，这个休息室内保留了一部分库门，在玻璃、彩色混凝土、地毯和瓷砖充斥的室内愈发显得饶有趣味。

上图：接待区
右图：休息区
摄影：Walter Smalling, Jr.

Ai

Shandwick Public Affairs
Washington, DC

桑德维克公共事务公司
华盛顿特区

即使没看过漫画家斯哥特·亚当描述的迪尔伯特所处的困境，你也同样不难体察工人们在"方盒子农场"里工作时的感受。为了给员工提供一处舒适的办公环境，桑德维克公共事务公司聘请Ai设计事务所为其设计一处2.5万平方英尺（约2323m²）的开放式办公环境，包括标准办公区和一个多功能区；多功能区近旁是接待区、会议区和娱乐区的入口。办公台特殊加工，由木材、普列克斯透明塑料玻璃和大空金属板等制成，使室内显得更加开敞。多功能区的交往空间特设有酒吧，这里已经成为大家会谈、工作和休闲的好去处。

上图：会议室及旋转门
右图：接待区
摄影：Walter Smalling, Jr.

Ai **Interliant
Reston, Virginia** **Interliant**
弗吉尼亚州，雷斯顿

上图：接待台
摄影：Walter Smalling, Jr.

通过公共大厅来分隔办公空间已经成为一种设计偏好。然而在 Interliant 公司弗吉尼亚州雷斯顿的 2.5 万平方英尺（约 2323m²）的办公空间内，市场中心与高度机密的国内行政中心之间的分界却处理得相当理想。在 Ai 设计事务所的设计中，各个区域建筑风格相似。然而，设计师又运用色彩区分和生动的标志，不仅可以将来访者从高度机密区域引开，而且也为员工营造了一处既实用又美观的工作环境。室内选用木材、铝材、水磨石、地毯、穿孔金属板及玻璃等材料，尽享户外森林风光；而这一切在从前的办公空间内却是难以想像的。

Alan Gaynor + Company, P.C.
阿兰·盖诺设计公司

434 Broadway
New York
New York 10013
212.334.0900
212.966.8652 (Fax)
www.gaynordesign.com

Alan Gaynor + Company, P.C.

Intrasphere Technologies Inc.
New York, New York

星内科技公司
纽约州，纽约

左图：会议室和走道
对面页图：接待区
摄影：Roy Wright

高科技世界存在这样一个有待解决的有趣的文化矛盾：一方面，业主和投资商往往中等年纪，办事有条不紊而且保守含蓄；另一方面，员工大多年轻有为、创造性强而且不拘小节。如何设计出迎合前者口味的正式的办公环境同时又能够深得后者青睐？纽约著名的软件开发商星内科技公司如今就面临这个麻烦，因此聘请阿兰·盖诺设计公司为其设计一处供62人使用的16000平方英尺（约1486m²）的办公空间。公司希望同时满足两方面的需求，但又不能界限分明。在处理室内接待区、会议室、调度室、开放布局办公区、专用办公间、备膳间、邮件室、餐厅及休息区等诸多设施时你会怎么做？设计的关键在于公司的名称"星内"（Intrasphere）；设计师将整个设计意图定为"进入一个星球"。整个空间内部墙体互成角度，打破了室内的结构网格；过渡空间内的曲线墙以及富有想像力的照明设计使空间整体看起来比各部分总和要大一些。

Alan Gaynor + Company, P.C.

International Securities Exchange
New York, New York

国际证券交易所
纽约州，纽约

上图：接待区
对面页图：董事会议室
摄影：Roy Wright

经证券交易委员会批准之后，国际证券交易所（ISE）的创建标志着在美国这个世界上最富有创造性的金融市场中第一家电子证券交易所的诞生。阿兰·盖诺设计公司在下曼哈顿区距纽约证交所几步之遥的地方为其设计了一处30000平方英尺（约2787m²）的2层办公机构，妥善安置公司75名员工。室内设施包括开放式布局工作区、会议室和董事会议室、数据中心、控制中心、战略室、调度室、培训室、备膳间及室内楼梯。

设计中对信息科技这一驱动因素给予充分关注，尤其是数据中心单独占用了20000平方英尺（约1860m²）的空间，整个办公场所几乎可以被视为一台计算机和一些服务人员。然而，室内设计为ISE精心策划了一个先进超前的形象，既反映出前沿尖端科技的经营性质，又通过木材、布面、皮革和玻璃等能够标显华尔街一流企业的建筑材料，表现了公司坚实的经济基础和经营经验。

Alan Gaynor + Company, P.C.

Excite@Home
New York, New York

Excite@Home
纽约州，纽约

尽管互联网进入广泛的商务活动不过10年，但是一些网络大户和主要供应商已开始主导这种新媒介工业的潮流。其中，Excite@Home也已从众多竞争对手中脱颖而出。现在公司邀请阿兰·盖诺设计公司负责设计一处30000平方英尺（约2787m²）的纽约办公机构，供90名员工使用。关于这处办公场所的基本描述并不能表现其独到之处。毕竟，这里也不外乎就是一些专用办公间、开放式布局工作间、正式和非正式的会谈室、休息区、备膳间、办公服务区、娱乐室和餐厅吗？但是，业主提出的3个条件需要全新的设计理念来解决。第一，空间必须保证四缘办公间并充分享用曼哈顿市中心的都市风光；第二，拒绝标准式荧光灯照明；第三，整

上图：接待区和室内楼梯
右图：会谈室
对面页图：定制的网格吊顶和遮阳板
摄影：Roy Wright

个空间既要意趣盎然又要功能实用。为了满足四缘办公间及室外景观这个条件，设计师采用玻璃隔断，围合出专用办公间，并在室内隔断上开出一条一英尺宽的狭槽，更加有利于吸纳外界景观。在室内照明设计方面，设计师选用网格状的光源隐蔽槽，荧光灯光线经过贯穿室内的遮阳板折射之后才照入室内。为了营造生动有趣的感觉，整个开放式布局工作区围绕一个中心开放休息区而设，并以形式奇特的会谈区分隔出若干个工作区，会谈区内摆设有时髦的复古风格的座椅。设计之后的办公空间引人入胜，丝毫不逊色于 Excite@Home 网站本身的吸引力。

上图：透过室内隔断和吊顶网格的视野
左图：室内楼梯

AREA
AREA 事务所

550 South Hope Street
18th Floor
Los Angeles
California 90071
213.623.8909
213.623.4275 (Fax)
info@areaarchitecture.com

AREA

Bel Air Investment Advisors LLC
Los Angeles, California
Bel Air 投资顾问公司
加利福尼亚州，洛杉矶

任何为芭芭拉·史翠珊、唐娜·卡伦及其他一些名人进行投资管理的公司，在办公空间设计方面都不可能不受到他们的影响。确实，几年前Bel Air投资顾问公司的第一处办公场所的设计风格就深受客户影响。

现在，原古德曼·萨奇（Goldman Sachs）旗下的几个主要个人资产投资顾问与比亚·斯蒂亚恩（Bear Stearn）联手以签名合伙人身份组建Bel Air投资顾问公司；公司拥有35名员工，总面积8500平方英尺（约790m²），由AREA事务所负责设计。业主一向对那种"围绕中心一个交易大厅的纯粹玻璃"布局的工作环境情有独钟，现在终于也拥有了自己的玻璃亭，只是进行一些改动，倾向于更为舒适的居家家具设施。这处空间彻底地开放，但是又显得恰到好处，因为保证交易商相互之间视野和听觉的透明度更有利于达成交易。另一方面，玻璃隔墙和电控屏风也保证了室内一定的私密性。室内另外一些设计，不仅理念先进而且也表达了强烈的环保意识，比如波斯地毯、典雅的木制护壁、法国装饰艺术风格的座椅以及价格不菲的艺术品，更是室内多处点睛之笔。Bel Air投资顾问公司那些声名显赫的客户们将会期待在这里举行优雅的聚会，同时亲眼目睹他们投资的运作情况。

上图：合伙人办公室
左下图：开放式布局工作区和会议室
右下图：交易大厅
对面页图：会议室及后方的接待区
摄影：Jon Miller / Hedrich Blessing

AREA

Julien J. Studley, Inc.
Los Angeles, California
朱利安·J·斯达德莱公司
加利福尼亚州，洛杉矶

下图：主会议室
摄影：Jon Miller / Hedrich Blessing

右图：从接待区看向主会议室
左下图：开放式布局工作区
右下图：从接待区看向小会议室

很少有房地产经纪公司能够拥有这样艺术馆似的美感，或是说能拥有这样世界级的艺术品位。然而，由于朱利安·J·斯达德莱公司的办公地点位于洛杉矶这个世界电影之都和美国第二大城市，这种设计理念就不再显得离奇古怪了。在这处供45名员工使用的1.2万平方英尺（约1117m²）的办公场所，设计师不仅满足了业主所有功能上的要求，而且设计不落俗套。比如，天花板被暴露出来，经刷白之后，又添加悬板着重强调。整个开放式布局工作区上方悬置一块织布面吊顶，吸声而且反光。室内多采用环绕照明，以射灯强调展示的艺术品。是的，这里真的只是一家房地产经纪公司。

AREA

Klasky Csupo Animation Studio
Hollywood, California

克拉斯基·苏珀动画工作室
加利福尼亚州，好莱坞

右图：接待区入口处的主会议室
下图：主接待区
对面页图：巨型吊顶下方的餐具室
摄影：Jon Miller / Hedrich Blessing

拉格莱特（Rugrats）最近的全本故事片带给巴黎的震惊要归功于公司动画设计师克拉斯基·苏珀。哈哈！"仿真怪物"和"野生刺莓"居然是好莱坞日落大街原梅塞德斯—奔驰特许经销商的创作！为什么不可以？为了将各项活动统一安置在一处办公总部，克拉斯基·苏珀置地100000平方英尺（约9290m²），邀请AREA将其改造为动画工作室。室内主楼层空间开阔，有76000平方英尺（约7060m²），而且层高高达25英尺（约7.5m），但是需要大量改动。比如，服务区缺少窗户和空调设备，而且只能承载最低额度的电量负载；开阔的空间需要减小尺度以增强亲切和自我的感觉；此外，动画设计师们还抵制被华而不实的办公空间"包装一新"的做法。AREA深入研究建筑的结构强度，满足了业主的各项设

施要求。设计师在天花板上添置了必需的空调和动力设备,并且悬置了各式抽象的形式和体块,整个开放式布局工作区感觉就像是动画设计师们喜爱的那种黑暗、情绪化而且神秘的邻里区。窗户尽量贴近建筑外壳,最大限度地鼓励自然光线的介入。开放式布局工作区的改造基于舒适的原则,间接光源被安设在键槽和角落,同螺栓固定的不锈钢板相连。这里成为拉格莱特经常逗留的地方,设计师在此埋下不少让人惊喜的悬念:设计师贯彻"忠于建筑"的美学理念,将粗糙的廊柱以及暴露的天花板和机械电气设备同色彩丰富的室内设计形成鲜明的反差;红色的卵形入口从一道墙穿过,宣告接待区的身份。

不是吗?无论是动画设计师还是拉格莱特看起来对他们的新家都非常喜爱。

左上图:开放式布局工作区及巨型吊顶
右上图:开放式布局工作区另一角度

Aref & Associates Design Studio

阿雷夫合作设计工作室

2221 Park Place
El Segundo
California 90245
310.426.7300
310.426.7310 (Fax)
www.aref.com
faaref@aref.com

Aref & Associates Design Studio

The Boston Consulting Group
Los Angeles, California

波士顿咨询集团
加利福尼亚州，洛杉矶

左图：分组办公区
远处，左图：文秘工作区
下图：会议室
底图：公共空间的卡普契诺咖啡吧
对面页图：接待区
摄影：Paul Bielenberg

　　波士顿咨询集团是一家在全球久负盛名的商务咨询公司，现在邀请阿雷夫合作设计工作室为其100多名员工设计一处新办公场所。这处办公空间位于洛杉矶市中心一幢42层的塔楼上，总面积25000平方英尺（约2322m²）；设计充分展现了如何为才智出众的员工提供一个切实有效而且凸显个性化的办公环境，同时还要满足功能合理、成本节约和标准化等要求。设计中不乏创新之笔，比如，单人办公间的大小可依据使用者的需要不同进行调整，因此可以适用于从经理层到普通顾问各种不同需求。另外，室内还设有即通式网线和多媒体设备以及主要为小组协作提供的多功能公共空间和舒适的休息区。在这样一个处处洋溢着生机意趣的办公空间，人们既可以商讨客户营销策略，还可以喝着咖啡随性来一局15子棋。

Aref & Associates Design Studio
特鲁普，斯图伯，帕斯奇，
瑞迪克和托贝合伙人律师事务所
加利福尼亚州，洛杉矶

Troop, Steuber, Pasich, Reddick and Tobey, LLP Los Angeles, California

下图：接待区
摄影：Paul Bielenberg

右图：主会议室
左中图：会议室
左下图：文秘工作区
左底图：律师办公室，配备议事区
右底图：接待候客区

不要去问现在的律师法律图书馆在哪里，他们中大多数既不知道也不关心。在阿雷夫合作设计工作室为特鲁普，斯图伯，帕斯奇，瑞迪克和托贝合伙人律师事务所设计的这处 112000 平方英尺（约 10400m²）的办公空间内，信息科技的影响相当显著。这处办公场所位于洛杉矶世纪城市塔楼的第 44 层，可安置 400 名员工，其中包括多达 200 名律师。室内设有一个小型法律书籍图书室；更重要的是，在室内律师及助手办公间、会议室和案例分析室、调度室、展示室和秘书工作区等地方都配置了即通式网线设备，完全兼容 CD－ROM 和互联网。这个设计已成为 21 世纪律师行业办公空间设计的典范。

Aref & Associates
Design Studio

Digital Media Campus
El Segundo, California
数字媒体园
加利福尼亚州，塞冈多

上图：接待区
右上图：总办公空间
右顶图：餐厅及悬布篷内的复印间
右图：会议室及设置有多媒体设备的会议桌
对面页图：即通式多媒体会议室
摄影：Paul Bielenberg

请暂时忘记报纸头条上有关网络迷与网络恐惧症患者之间针锋相对的报道，来考虑一下"新经济"对工作环境的深远影响。无论电子商务及其他网上交易进展如何，从20世纪90年代起，整个世界都不可能忘怀那些聪明过人、天赋极高、疯狂而又不知疲倦地致力于开创一个电子化新宇宙的网络精英们的迷人丰采；他们的工作环境没有丝毫的奢华，但却让人精神倍受鼓舞，这里没有等级差别，而注重团队合作，不仅体现了合作意识而且整个环境妙趣横生。这种办公空间比以前的设计更行之有效，阿雷夫合作设计工作室在加利福尼亚州塞冈多设计的这个数字媒体园便是证明。这是一处库房改造空间，底层为50000平方英尺（约4645m²），另有一个5000平方英尺（约464m²）的夹楼层，提供给300多名员工使用；这处办公场所紧邻商业区和工业区，被洛杉矶机场环绕，互联网及新媒体商务将专用办公间、团队协作工作区、会议室、小组办公室、禅室、计算机中心与夹楼层的公共空间形成联系紧密的社区。高级管理人员通过一条"主街"通道可以便捷地通达位于室内中心的工作人员办公处；另外，员工也可以在这处设施功能齐备的空间内自由活动。

上图：主街及埃里克·厄尔（Eric Orr）设计的瀑布
左图：夹楼层的公共空间
左上图：接待区内的网亭及等离子电视显示屏

室内对材料独创性的运用有助于不断地激发人们的兴奋与喜悦感，而这无论是在新经济时代还是旧经济时代都是备受珍视的。

A/R Environetics Group, Inc.
A/R 环境设计集团

116 East 27 Street
New York
New York 10016
212.679.8100
212.685.9044 (Fax)
www.arenvironetics.com
info@arenvironetics.com

A/R Environetics Group, Inc.

Ask Jeeves, Inc.
New York, New York

Ask Jeeves, 网络公司
纽约州，纽约

Ask.com 是一家网络公司，为网民提供其他相关网址链接，总部设在加利福尼亚；Jeeves 的原型来自英国作家伍德豪斯笔下笨拙的贵族伯迪·伍斯特家里那个沉静能干的男管家；二者的结合看似怪诞却也相当有趣。尽管网上冲浪者很少熟知 Jeeves 这个名字，但是只要这个男管家的形象一出现，他们马上就想起了这个网站。Ask Jeeves 网络公司一向提倡宾至如归的周到服务，这种主导思想在办公空间的设计中表现得十分显著：这处纽约办公机构总面积 13200 平方英尺（约 1226m²），供 60 名员工使用，由 A/R 环境设计集团设计完成，不仅功能实用而且引人入胜。公司原来的办公场所与各地的网络公司大同小异，无非是一个大单间、员工精练、网络陈设、并且增员迅速。开放式工作区内的工作台像叶轮一样围绕廊柱安置，在整个大统间内营造出开阔感；为了避免工作空间过于拥挤，工作台的设备十分简洁；会议室采用封闭式。室内色彩布局浓郁强烈，与公司网站的色彩设计如出一辙，更增强了室内空间的游戏感。在这里，连一丝不苟的 Jeeves 先生都可能会松开他那浆得挺挺的领子而放松一回。

上图：工作区及工作台设备
右图：环绕廊柱安设的工作台
远处，右图：接待台上的"Ask Jeeves"的公司标志
对面页图：接待区和会议室
摄影：David Joseph

A/R Environetics Group, Inc.
综合数据与图表（CQG）
纽约州，纽约

Comprehensive Quotes and Graphics (CQG)
New York, New York

典型的华尔街交易所紧张而纷乱，嘈杂而拥挤，塞满了行色匆匆、薪水丰厚的业界精英；而由A/R环境设计集团设计完成的综合数据与图表（CQG）办公机构地处纽约金融中心，是交易商们常来常往之地，它即使不能让人冲动兴奋的话，也至少还能让人感到舒适轻松。在公司提供给17名员工的7500平方英尺（约697m²）的办公环境中也可以感受到同样的氛围。CQG公司为那些精力充沛的交易商提供市场数据，而他们是否能够及时获取最新的商务数据将决定最终的盈利或损失，所以公司为交易商们营造了他们所熟悉的办公环境。这处空间不仅满足了员工日常工作的需求，而且在一个熟悉亲切的场景中展示了公司的软件开发状况，此外还提供开放式预约登记使用的交易台。组合式波纹铝板墙界定出各功能分区，在分区入口处以木板挑檐和灯箱代替门，更加增强了室内开放的感觉。

上图：办公区
下图：接待区
右图：员工休息区
摄影：David Joseph

A/R Environetics Group, Inc.

Capital Management Firm
New York, New York

资产管理公司
纽约州，纽约

右图：接待区
下图：室内中心的弧形墙
对面页图：开放式布局工作区
摄影：Macro Lorenzetti / Hedrich Blessing

由于解除管制、全球化趋势以及强劲的信息科技的发展推动着资本以电子和光子的速度全球运转，整个金融界发生了急剧的变化。因此，许多银行家、经纪人及其同事们原来占据的办公空间如今不得不让位于计算机、打印机及其他办公设备。然而金融世界也依然自豪地保持着世纪之久的传统。A/R环境设计集团为纽约一家资产管理公司新近设计完成的18000平方英尺（约1673m²）的办公机构，充分阐释了传统与现代可以如何优雅地交融。室内一抹弧形墙围合出接待区、交易区和技术中心，保证室内为数不多的办公间、会议室和广大的开放式工作区最大限度地接受阳光的沐浴，享受户外的风景。任何一处的空间界定都是由经久耐用、设计奇特的硬木、石灰岩、精良的木制家具和金属制品来完成的。

A/R Environetics Group, Inc.

Private Fitness Facility
New York, New York

专用健身设施
纽约州，纽约

经理套房、经理餐厅、经理卫生间，为什么美国人不厌恶这种权力衍生的特殊待遇？因为他们自己也需要。那么对 A/R 环境设计集团为曼哈顿一家公司设计的这处 1800 平方英尺（约 167m²）的专用健身设施还有什么微辞可言？这处设施确实将诸多健身设施压缩进一块拥挤的都市空间。在这座低层商务楼顶上，人们可以发现缕缕天光泻入健身区、瑜珈区、蒸汽房、按摩室、淋浴间和果汁吧内。设计师以冷色调的混凝土墙体与温暖色调的雪松木地板、特制门板以及其他木制家具形成强烈的对比反衬。假如说年轻人需要为功成名就找出充足的理由，那么这样的办公环境就是理由之一。

左上图：冲淋间，配备蒸汽房和更衣室
右上图：健身区
右顶图：果汁吧/瑜珈区
右下图：有氧健身房
摄影：David Joseph

Berger Rait

伯杰·雷特设计合作公司

411 Fifth Avenue
New York
New York 10016
212.993.9000
212.993.9001 (Fax)
www.bergerrait.com

Berger Rait

Offices of Berger Rait
New York, New York
伯杰·雷特设计合作公司办公场所
纽约州，纽约

伯杰·雷特设计合作公司有充分的理由为他们移居新的办公场所感到欢欣快慰。新的办公地点位于曼哈顿市中心，总面积10000平方英尺（约929m²）。客户们认为新的办公地点交通便利，比如，紧邻中心车站及其他大众公交。更为出色的是，设计师通过这处明亮宽敞的办公空间，显示了在华尔街闹市区拥挤的办公楼内，空间性和有效性设计方面实质性的进展。另外，空间的室内设计也被客户们看作设计观念的展示，以便运用到自己的项目中。由于渴望拥有一处优雅现代的办公环境，公司意图营造一处能够充分发掘工作主题、工作效率以及共

同合作的空间。设计充分保留了原建筑的一些因素，比如高层高、巨大的结构柱和水泥地板等。因此，设计工作室成为室内瞩目的焦点，周围是合伙人办公间和行政办公区，一面墙是金属框玻璃移门，另两面墙安设电梯和其他服务设施，另一道长长的墙面整个暴露出来，外界的阳光可以无限通透，景致一览无余。来访者对办公空间的设计反映良好，离开时也带走不少富有创意的设计理念，直接运用于他们自己的办公空间。

左图：会议室
上图：接待区
对面页，上图：设计工作室
对面页，下图：行政办公区和专用办公间
摄影：Mark Ross

Berger Rait

Data Broadcasting Corporation
New York, New York

数据公告公司
纽约州，纽约

下图：接待区
摄影：Peter Paige

右图：会议室
右下图：专用办公间

数据公告公司是一家著名的全球性机构与个人金融商务信息公司，为全球350多万种证券提供最新的价格、红利、公司动态和信息描述，其中包括很难评估的场外交易的固定收入。公司产品之一"电子信号"（eSignal）是一种先进的同时性互联网传输认购数据服务系统，提供图表、新闻和研究报告，而且可以直接连通笔记本电脑、个人电脑或电话线。因此，公司聘请伯杰·雷特设计合作公司为其在曼哈顿市中心设计一整层30000平方英尺（约2787m²）的办公场所，要求设计富有现代感和前瞻性，而且突出公司形象，给人留下深刻的印象。设计之后的空间包括接待区、开放式布局工作区以及用于销售和培训的媒体/展示间和经理套房。室内最为醒目的当属接待区内一道展示墙，墙上安置有电视屏幕和自动录放设备，便于来访者观看。当你已成为业界的佼佼者时，就需要同样出类拔萃的办公环境，正如数据公告公司那样，卓越的办公空间充分反映了公司的骄人业绩。

Berger Rait

barnesandnoble.com
New York, New York

barnesandnoble.com
纽约州，纽约

上图：会谈室
右图：办公区内部的员工会谈室
对面页图：接待区
摄影：Peter Paige

一家雄心勃勃的网络公司从刚刚起步时巴掌大的办公场所发展到能够安置400名员工的一整层楼面，并且在二期完工后拥有92000平方英尺（约8546m²）的办公设施及其他相关服务设施，会是什么样的情形？伯杰·雷特设计合作公司为著名出版商Barns & Noble下属子公司barnesandnoble.com设计的曼哈顿办公总部，主体采用开放式布局，专用办公间设在室内四缘，会谈区和休息区沿主通道散布室内各处。新的设计欣然采纳了原来的工业化风格，保留了14英尺（约4.2m）高的层高，而且将天花板大多暴露出来，配之以悬垂的灯饰，效果独特；室内不加粉饰的水泥结构与色彩鲜明的主题墙、地毯砖、工作台组合拼板以及暴露出来的固定在悬垂支架上的管道和设备形成强烈的反差。

右图：自助食堂
左下图：开放式布局工作区
右下图：入口

同样值得关注的是，整个开放式布局工作区、专用办公间、会议室、休息区及餐厅由于精心的细部处理而显得十分活跃；其中，设在室内四缘的专用办公间采用金属框玻璃隔断，内部会议室采用半透明墙板，餐厅使用网孔金属幕帘；此外还有迷人的现代家具、色彩丰富的布艺装饰和地毯以及设计精巧的直接或间接光源。尽管设计并不能解除发展过程中的阵痛，但这处空间的设计确实缓解了barnesandnoble.com所处的困境。

Bergmeyer Associates, Inc.

伯格梅耶合作公司

Bergmeyer Associates, Inc.
Architecture and Interiors
286 Congress Street
Boston
Massachusetts 02210
617.542.1025
617.338.6897 (Fax)
www.bergmeyer.com
info@bos.bergmeyer.com

Bergmeyer Associates, Inc.

CGN Marketing and Creative Services
Boston, Massachusetts

CGN市场策划服务中心
马萨诸塞州，波士顿

缕缕自然光泻入CGN市场策划服务中心位于麻省波士顿13750平方英尺（约1277m²）的办公空间内，为这样一处开敞温暖的环境增添了几分形体、色彩及戏剧性的场景效果。伯格梅耶合作公司承担设计任务，不仅迎合了业主风格简约的设计要求，而且还完美地结合、利用了原有的某些建筑因素。在会议室，设计师安置了"轻盈的鳍形"隔断，既保证了视觉上的私密，又丝毫没有阻隔自然光线穿透室内走道。桦木框的半透明隔门成为室内围合功能分区的惯用之笔。

左上图：通道
右上图：会谈区
右图：轻质鳍形隔断
对面页图：会议室

Bergmeyer Associates, Inc.

Intex Solutions, Inc.
Needham, Massachusetts

因泰克公司
马萨诸塞州，尼德海姆

对一座库房建筑一见钟情是一回事儿，而把这座位于麻省尼德海姆的库房改造成为一处23000平方英尺（约2137m²）的办公楼，并且安置因泰克公司70名员工却是另外一回事儿。因泰克公司为结构体系明确、收入固定的市场提供及时的综合性数据、模型和相关软件。由于公司希望保留库房建筑的原貌，伯格梅耶合作公司的设计师在平面布局时将结构网格旋转了45度。专用办公间、开放式布局办公区特殊定制的工作台、生产线、计算中心和会议室均围绕一个中心广场而建，神似中世纪意大利的城市格局。设计师还采用了专门定制的独立式隔板而非普通家具板；一扇库门，更加扩展了主会议室的空间；景致宜人的广场，可以用于举行正式或非正式的会谈和餐宴；公司室内诸多独具特色的设计使这里成为一个与众不同的库房建筑。

上图：建筑外观
左图：接待区
左下图：广场
对面页图：开放式布局工作区及区内隔断
摄影：Lucy Chen

Bergmeyer Associates, Inc.
神经线公司
马萨诸塞州，纽顿

NerveWire
Newton,
Massachusetts

上图：通道和非正式会谈空间
右图：接待区
左下图：标准团队工作间

　　一家公司需要这样一处办公空间，既能举行气氛活跃的论坛，又安静亲切，兼顾开放性和私密性，团队合作与独立工作并重，迎合新经济和旧经济各领域的客户，并且同时还要提高公司品牌知名度及员工合作意识。如何才能满足这样的设计要求？神经线公司就为伯格梅耶合作公司提出了这样一个挑战，设计其位于麻省纽顿的54000 平方英尺（约5017m²）的3层办公楼，安置244名员工。神经线公司是一家管理咨询与体系调整公司，专营企业内部的合并调整，帮助客户展望建构经营模式，并将策略、人力、进程及技术内化为客户与供货商的同等资源。为了实现业主复杂的空间要求，设计师精心营造了一个高科技的办公环境，以达到反差强烈的动感平衡。因此，专用办公间、开放式布局工作区、团队工作间、正式与非正式会谈区、培训室、计算机室、厨房及就餐空间、游乐室等为分工不同员工提供了各种选择余地。

右图：接待候客区
摄影：Lucy Chen

此外，一些细部的处理同样让人印象深刻，比如，会议室内镶嵌条状毛面的玻璃隔墙，项目组工作室内的移门、各式各样私密程度不同的会谈空间以及兼具传统与现代风格的家具设计等等，这一切都有助于公司沟通周旋各种客户。

上图：主厨房及就餐区
左图：标准会议室
右图：标准走道

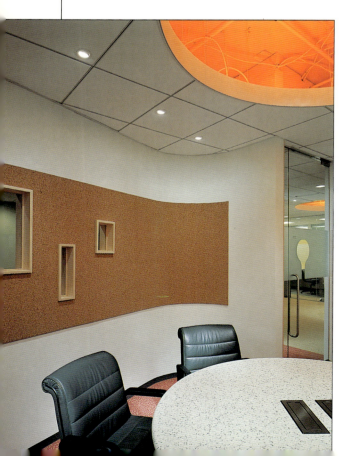

Bottom Duvivier

鲍特姆·杜维设计公司

2603 Broadway
Redwood City
California 94063
650.361.1209
650.361.1229 (Fax)
www.b-d.com
info@b-d.com

Bottom Duvivier

Deloitte Consulting LLP
San Francisco, California

戴洛特咨询公司
加利福尼亚州，旧金山

上图：静室
右图：丽莎咖啡吧
下图：会议室
对面页图：接待区/聚会空间
摄影：Cesar Rudio

一名出色的管理咨询顾问往往很少在办公室工作，他们需要亲自上门为客户服务。由于戴洛特咨询公司的顾问们80%的时间都外出工作，鲍特姆·杜维设计公司在为其设计这个4万平方英尺（约3716m²）的办公场所时遇到了一个大难题：公司员工分成两类：外出工作的咨询顾问和经常在办公室处理日常事务的行政内勤人员，那么如何设计一处出色的办公空间，同时适用于这全体340名员工？设计师手法独特，极具创新，接待区/会谈空间、会议室、合伙人办公间及行政/内勤办公的"超级服务中心"为行政内勤人员提供较多办公空间、档案存储空间和生活设施。顾问办公室不再是环绕建筑四边而设，所有办公间采用宾馆常用的"预约式"办公间，需要使用时，就像入住酒店那样，预约登记之后便可使用。室内中心的聚会空间集中了所有主要的服务设施。戴洛特咨询公司设备部主管里奇·斯维勒评论说，"办公空间的设计让每一个人都引以自豪。"这处办公空间使用效果也相当出色，在此流连的人们络绎不绝。

Bottom Duvivier

RealNames Corporation
Redwood City, California
实名公司
加利福尼亚州，红木城

网络公司通常以其更加人性化、亲和的办公环境给人留下难忘深刻的印象，这里是20来岁年轻人成长的温床，并且戏剧化地显示了办公场所也可以设计得如何更瞩目、舒适、"趣味性"，同时功能实用、成本节俭。

实名公司位于加州红木城的5.3万平方英尺（约4924m²）的两层办公空间就别具魅力，设计由鲍特姆·杜维设计公司与英国布劳建筑师事务所联合完成，焕然一新的办公场所有利于公司在炙手可热的竞争中招募并保留人才。整个室内开敞活跃，设有专用办公间、小组合作区、会谈室、董事会议室、"静室"、餐具室、自助食堂及娱乐设施等。为了加强开放的风格，设计师还暴露出天花板结构以及悬置的机械和电气设备；采用半透明的背面打光的聚酯板墙体后，空间显得更为通透；并且还在室内安插进简洁精巧的通风管道。实名公司整个办公空间差不多是在宣告：欢迎各界聪慧、富有天赋、刻苦努力的人才加盟。

左图：自助食堂
上图：单倍层高的开放式布局工作区
左上图：董事会议室
对面页图：双倍层高的开放式布局工作区
摄影：Cesar Rubio

Bottom Duvivier

Sun Microsystems Newark Campus
Newark, California

太阳微系统公司，内沃克办公园
加利福尼亚州，内沃克

左图：员工主入口
左下图：主要生产线和检测区

顶图：主要就餐区
上图：健身中心门厅
对面页图：主公共入口
摄影：Cesar Rubio, Mert Carpenter

早在网络时代到来之前，太阳微系统公司就已成为一家成功的计算机公司了，公司CEO斯科特·麦克尼利（Scott McNealy）在多年之前就曾预测，"网络就是计算机"。太阳微系统公司内沃克办公园的办公空间旨在保持一种活跃充沛、创新不止的精神风貌，占地上百万平方英尺，内建7座建筑，安置3600名员工；鲍特姆·杜维设计公司为其提供整体规划设计和室内设计。这里并非一个常见的普通办公园。这处场所意在将技术工程部门靠近生产部门，营造一处开放又安全的工作环境，使生产部门成为公司整体运作的一个部分。因此，设计师设计了一处灵活性强的园区设施，可以随生产过程的变化便捷地调整，并且形成一种随意的同事合作关系，从而与人人平等的公司文化保持一致。在最近的一次调查中，绝大多数员工对设计感到满意，远远超出公司决策者最乐观的期望值。

Bottom Duvivier **Sun Microsystems Santa Clara Conference Center
Santa Clara, California**

太阳微系统公司，桑塔克拉会议中心
加利福尼亚州，桑塔克拉

左图：大报告厅
上图：会议室/培训室
顶图：报告厅外观
下图：主入口门厅
摄影：Alan Rosenberg

建筑师推崇"骨骼好"的建筑，结构坚实、经久耐用，布局、分区及其他基础建筑元素能满足空间使用者和用途的变化。由鲍特姆·杜维设计公司担任室内设计顾问的太阳微系统公司桑塔克拉会议中心的设计，便是这种设计理念的一个明证。会议中心包括两幢楼，一幢6973平方英尺（约647m²）的大楼始建于1888年，紧邻另一幢较新的16585平方英尺（约1540m²）的报告厅。改造之后，这两幢楼从周一到周五工作时间归太阳微系统公司使用；而晚上和周末这里则成了当地居民的聚会之地。宽敞的构架搭建出多种设施，包括报告厅、会议室和培训室、休息区、专用办公间、董事会议室、厨房间和主入口大厅。新的会议中心不仅功能齐备、方便灵活，而且展现出"优质骨骼"建筑空间的骄傲姿态。

Brayton & Hughes Design Studio
布雷顿和胡夫设计工作室

639 Howard Street
San Francisco
California 94105
415.291.8100
415.434.8145 (Fax)
www@bhdstudio.com
info@bhdstudio.com

Brayton & Hughes Design Studio

A Global Consulting Firm
Los Angeles, California

某全球咨询公司
加利福尼亚州，洛杉矶

上图：会议室
右图：入口大厅
对面页图：大厅接待台及公司日程安排表
下图：专用办公间
摄影：Toshi Yoshimi

顾问们有多少时间可以用来相互征询探讨呢？这家咨询顾问公司享誉全球70年之久，培养出一大批统领世界顶尖企业的业界精英，然而调查却表明公司内部主要人员之间沟通甚少。另外，公司的工作性质也是一个不利因素，因为高级咨询顾问总是外出工作，而且办公环境也不鼓励人际交往。员工们总是拘泥于固定的圈子，而不是与项目组一起工作，有的甚至一到公司便埋头独自工作。为了鼓励员工之间更多的交流沟通并且改善165名员工的工作环境，公司聘请布雷顿和胡夫设计工作室进行目前45000平方英尺（约4180m²）的多层办公楼的改造和扩建。设计师在这个以独立办公模式为主的办公总区内添设了一些"聚点"，内设客厅、厨房和会议空间；将室内一些诸如传真、复印及存储等办公辅助设施作"离中心化"处理；改造室内连接楼梯加强日常使用。咨询公司评论说，改造一新的办公环境引人瞩目，应聘者纷至沓来。

Brayton & Hughes Design Studio

A Global Consulting Firm
Palo Alto, California

某全球咨询公司
加利福尼亚州，帕罗奥托

左下图：走道及工作区
右下图：会议室
右底图：咖啡吧
对面页图：大厅楼梯井及雕塑
摄影：John Sutton

一家世界顶尖级咨询公司聘请布雷顿和胡夫设计工作室在加州帕罗奥托为其设计一处 40000 平方英尺（约 3716m²）的办公场所，并且提出两个颇具潜在矛盾的设计意图。一方面，遵照咨询业的经营特征，办公环境应该外观引人注目，室内自然光充沛，195 名员工享有良好的景观视野；另一方面，强调空间的有效使用，实现较高的容积率，能够妥善安置公司每年从硅谷招募来的新职员。鉴于此，设计师在设计中将排列紧密的工作台围设在宽阔的走道边上，并且采用了大量视觉反差鲜明的设计元素，比如，夹层玻璃、木材和网眼金属等，象征硅谷从片片田园果园向科技旗舰之地的转换。

此外，设计师还在专用办公间、小组工作间、电视会议室和大厅内安设了员工咖啡吧等引人入胜的好去处。这个设计不仅圆满地完成了各项设计任务，而且让人印象深刻。比如，一个 8 棵树似的大型雕塑界定出大厅楼梯井，描绘出硅谷不朽的过去，并且即使在现今世界它也依旧昂首挺立。

Brayton & Hughes Design Studio

Silver Lake Partners
Menlo Park, California

银湖合伙人公司
加利福尼亚州，门罗公园

上图：专用办公间
右图：接待区
摄影：John Sutton

酒香不怕巷子深。银湖合伙人公司根本不希望炫耀公司在私人股本资产科技管理的显耀地位。因此，公司在聘请布雷顿和胡夫设计工作室设计位于加州门罗公园供24名员工使用的11261平方英尺（约1046m²）的办公场所时，要求尽量给来访者"含蓄谦和"的印象，工作环境需要保证一定的私密性，有利于专注工作不受干扰，而且还要求为员工提供同事之间进行轻松交谈的空间。成功设计的主要空间理念表现在新月状的接待区，并由此发散出各个会议空间。将这些设施归整得如此紧密是为了合理划分公共空间和私人空间，公司合伙人可以参加会议也可以不动声色地退守到各自的专用办公间；开放式布局工作区的行政内勤人员及室内中心的服务设施为专用办公间提供各类服务。

左下图：会议室
对面页图：电梯厅及接待台

Brayton & Hughes Design Studio

Cooley Godward LLP
Palo Alto, California

库莱－古德瓦德律师事务所
加利福尼亚州，帕罗奥托

从施工开始到各项设施完成仅用了120天时间，并且财政预算相当紧缩，因此布雷顿和胡夫设计工作室在完成库莱－古德瓦德律师事务所加州帕罗奥托130000平方英尺（约12077m²）的两层办公空间的设计时，只能重点照顾关键区域。很明显，这处需要安置450名员工的办公空间应该兼顾功能性与灵活性，设计师在平面布局时，将整个室内划分为8套界限分明而又互相连通的办公套房，这样的设计便于公司充分使用多余的办公空间。然而，这些预留空间也相当有用，可以为律师提供大量的临窗办公间，还可以安设一个酒吧，为员工提供一处聚会场所。库莱－古德瓦德律师事务所的经营集中在技术领域的商务和法律服务，如今已成为加州一家最大的律师事务所。设计重点强调主入口大厅、标准开放式工作区和酒吧，并且卓见成效，树立了整个空间高水准的视觉效果，真是花费不多却昭显品质。

左上图：接待区
右上图：咖啡厅座席
右图：开放式布局工作区
右下图：咖啡厅自助餐台
摄影：John Sutton

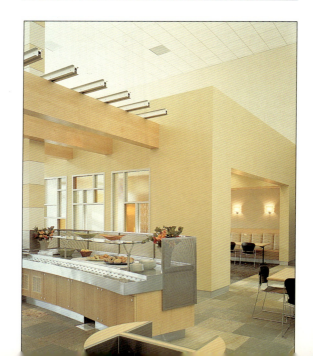

Carrier Johnson

凯瑞尔·约翰逊事务所

1301 Third Avenue
San Diego
California 92101
619.239.2353
619.239.6227 (Fax)
www.carrierjohnson.com

2600 Michelson Drive
Suite 400
Irvine
California 92612
949.955.2353
949.955.2377 (Fax)

855 Sansome Street
Suite 302
San Francisco
California 94111
415.772.8200
415.772.8201 (Fax)

Carrier Johnson

NeoPoint
San Diego, California
新点公司
加利福尼亚州,圣迭戈

左图:办公总区
左下图:经理会议室
下图:休息区/游乐室
对面页图:静思间
摄影:Anne Garrison, David Hewitt

在21世纪初,无线办公与无纸办公同样看似不可思议,但是目睹世界各地的人们通过各类无线设备进行沟通的场景,你将不得不承认新的市场正在繁荣。科技发展的巨大潜力有助于解释凯瑞尔·约翰逊事务所为新点公司在加州圣迭戈设计的103000平方英尺(约95690m²)的两幢楼的办公园区所引发的巨大震动。业主是一家无线通讯公司,为了激励信息交流,公司将员工日常碰面的交往空间设计得轻松活泼饶有趣味。每两层结构以一个"静思间"为核心;这个活动中心位于每两层中的下一层,可以通向上面一层,并且由此辐射出专用办公间、会议室、洗手间、培训室、餐厅及健身中心。每一个"静思间"都配备有舒适的家具设施,中心设有旋转楼梯,另外还设有咖啡吧及其他生活设施,这些年轻充沛的技术精英们对咖啡钟爱有加,更喜欢大家围坐一起群策群力解决问题。值此无线通讯迅速发展之际,新点公司办公空间的设计更为其腾飞提供了动力。

Carrier Johnson

Peregrine Systems
San Diego, California

佩瑞格瑞系统公司
加利福尼亚州，圣迭戈

大多数信息产品和服务很难维持6个月以上，难怪佩瑞格瑞系统公司（这是一家基础设施管理软件专业公司）专门聘请凯瑞尔·约翰逊为其设计一个8205平方英尺（约762m²）的行政长官信息发布中心（EBC），作为公司44万平方英尺（约40968m²）办公总部的核心设计。该中心面对这些来自《财富》500强企业却又并不一定都是首席信息官（CIO）的客户，并且向他们讲解不同的内容，如某个机构用于控制基础设施、办公建筑以及交通情况的计算机、网络、电话系统是否合适将最终决定经营的成败与否。佩瑞格瑞系统公司首开先河，设立EBC来培训潜在客户。设计师精心设置了一系列井然有序的空间，展示从入口处开始，并且从展示实验室延伸到一系列互动展示再到休息区；在休息区，潜在的客户可以与公司销售代表进行会谈；最后到达30座的演播厅，这里有最新型的产品展示。经理就餐区提供午餐，餐厅内有一面数字墙，展示着公司一些电子商务项目服务。在中心客户室，经理们可以看到佩瑞格瑞系统公司如何根据具体需求为他们量身做的计划。对佩瑞格瑞系统公司而言，EBC的价值难以言表。

右图：行政长官信息发布中心入口
上图：互动展示
摄影：Anne Garrison, David Hewitt

右图：经理演播厅
右下图：开放式布局工作区

Carrier Johnson

Hilton Gaslamp Quarter
San Diego, California

加斯兰普区希尔顿酒店
加利福尼亚州，圣迭戈

下图：主大厅及入口
底图：登记台
摄影：Anne Garrison, David Hewitt

上图：餐厅和酒吧
对面页图：壁炉休息区

加斯兰普区最早兴建于1769年，地处圣迭戈市中心，如今已成为朝气蓬勃的旅游热点和理想的住居之地。这里一年四季气候宜人，成为游客的天堂，以及都市人心仪的乐土。S.D. 马金房产公司对加斯兰普区希尔顿酒店的设计颇为骄傲。因为它不仅充分关照历史文脉，而且也为圣迭戈当地居民奉献了一座具有价值的建筑。加斯兰普区希尔顿酒店拥有253间客房，不仅与其同类酒店设计风格不同，反而在南加州优雅的现代设计之中融入了19世纪造船工业的设计元素。具有象征意义的历史存留物如库房和船坞等机构被改造成酒店的饭店、酒吧、零售商店和会议室。除此之外，室外还抬升出一条"艺术通道"，提供了一处活跃的交往空间，将整个设计中的各个元素融合在一起。这里不仅是一个奢华的酒店，而且也成为一个兼营零售的多功能社区，为商务游客和当地居民提供丰富多样的生活设施。

Carrier Johnson

Motorola
San Diego, California
摩托罗拉电讯公司
加利福尼亚州，圣迭戈

右图：入口控制室
左下图：主大厅及天桥
右下图：自助餐厅
摄影：Anne Garrison, David Hewitt

这个项目对凯瑞尔·约翰逊事务所的挑战在于既要保证安全地隔离研发实验室，又要营造出高度互动的办公环境。摩托罗拉公司宽带通讯园区占地32.7万平方英尺（约30379m²），地处加利福尼亚州的圣迭戈风景奇绝的峡谷边缘；室内设施齐备，设有自助食堂和健身中心，圆满地完成了挑战性的设计要求。室内布局有策略地将实验室安设在市内核心空间，而办公间、会议室及员工服务设施则被妥善安置在四周。室内宽大的走道、大厅及户外景观通道巧妙地穿插相融，员工在这样方便的环境中工作，提高了各方面的操作效率。谁能相信，在如此密闭的实验室建筑内竟能演绎出自然光线与峡谷美景的奇妙交融？而摩托罗拉公司的员工就确确实实地领略到了这一点。

Davis · Carter · Scott

戴维斯 – 卡特 – 斯科特设计公司

805 15th Street NW
Suite 1100
Washington DC 20005
202.682.2300
202.789.2852 (Fax)
www.dcsdesign.com

1676 International Drive
Suite 500
McLean
Virginia 22102
703.556.9275
703.821.6976 (Fax)

Davis · Carter · Scott
佩迪奥公司（Xpedior）
弗吉尼亚州，亚历山德里亚

Xpedior
Alexandria, Virginia

下图：电梯厅，可看到休息区/就餐区
摄影：Gunnar Westerlind

甚至网络公司最终也提升了眼界，不再仓促凑合一个办公地点；例如，佩迪奥公司就聘请戴维斯－卡特－斯科特设计公司为其在弗吉尼亚州亚历山德里亚市设计一处50000平方英尺（约4645m²）的办公空间。这家网络和电子商务公司注重创新，意图通过这处办公设施安置公司235名员工，并且表达出"富有魄力、想像力、探索精神和专业水准"的公司形象和精神风貌。在总体平面布局中，墙体偏离建筑网格结构并且互成角度；开放式布局工作区强调小组协作意识，以7个工作台为一个"聚点"；会议室被安设在角落位置；此外室内还设有一个最新式的培训中心，这处空间着重强调游乐室等生活设施，游乐室内配备有休闲座椅、大屏幕电视和台球桌；此外，这里还设有休息区/就餐区、"静思间"及其他随意会谈空间，"登陆区"可以用于客户接待。佩迪奥公司事业部经理科尔·孔认为，"我们的办公空间完全传达了我们所希望为人们了解的公司风貌……而且，在这里工作真是其乐无穷。"

上图：接待区
右图：休息区/就餐区，可以看到游乐室

Davis ▪ Carter ▪ Scott

Mark G. Anderson Consultants
Washington, D.C.
马克·G·安德森顾问公司
华盛顿特区

从设计开始到最后入住仅用了6个星期，紧凑的工期、紧缩的预算以及创新超前的设计思维，这些都成为华盛顿的马克·G·安德森顾问公司聘请戴维斯－卡特－斯科特设计公司为其设计一处办公场所的充分理由。这处办公空间室内设施包括专用办公间、开放式布局工作区、复印室/餐具室及会议室；此外，室内还采用了一些基础设计元素来节约造价，活跃空间，例如照明设计、色彩布局和风格鲜明的家具设计，以及一扇机械动力的金属库门等等。由于整个室内空间环绕一个中心天井，设计师在进行平面布局时充分利用了自然光线，将专用办公间安设在内部，而把公共走道和行政办公区设在室内四缘。大胆的原色布局以及风格化的现代家具设施在室内处处彰显。公司总经理丽贝卡·威尔逊说，"每个人到了这里，第一句话就是情不自禁地发出'哦'的一声惊叹"！

右图：会议室，可看到室内中庭
对面页图：开放式布局工作区
摄影：Gunnar Westerlind

Davis ▪ Carter ▪ Scott

**Inktomi Corporation
Herndon, Virginia**

因托米公司（**Inktomi Corporation**）
弗吉尼亚州，赫恩顿

下图：发布中心内走道及展示间和招待咖啡厅
摄影：Gunnar Westerlind

在通常情况下，为一家知名的互联网基础设施软件设计公司设计一处办公场所，并且满足无数方案要求，可能会让设计者不寒而栗。总部设在旧金山的因托米公司急于在紧邻华盛顿的赫恩顿营建一处2.5万平方英尺（约2323m²）的办公设施，安置公司85名员工，因而将这一难题交给了戴维斯－卡特－斯科特公司。戴维斯－卡特－斯科特设计公司的设计师与因托米公司紧密配合，在方案阶段采用"公众参与"形式，集思广益。通常面对面交谈，而且需要3周完成的任务仅用了3个小时便分组完成了。

上图：开放式布局工作区内的柱形"静思间"
顶图：专用办公间

室内空间设有别具特色的高科技接待区、会议室兼发布中心、展示间、招待咖啡厅、专用办公间、开放式布局工作区、计算机实验室、图书室、游乐室及餐具室等。设计师在设计中通过对几何形体、尺度和色彩的应用营造了一处切实感性的空间。这个装饰一新的办公空间清晰地诠释着公司的职责功能，即开发、销售各种规模的网络应用程序，供使用者随时从网上获取信息。戴维斯-卡特-斯科特设计公司再一次应邀为因托米公司设计一个400000平方英尺（约37160m²）的办公总部，从而印证了此次设计的成功。公司事业部主管汤姆·麦勒斯在报告中指出，"我们在这个项目进行过程中同样其乐无穷。"

顶图：接待区
右上图：游乐室外观
上图："登陆站"，接待来客或途经的员工

DMJM Rottet
DMJM 罗泰特设计公司

3250 Wilshire Boulevard
Los Angeles
California 90010.1599
213.368.2888
213.381.2773 (Fax)
dmjmrottet@dmjm.com

DMJM Rottet

Deloitte & Touche
Los Angeles, California

戴洛特和塔奇会计师事务所
加利福尼亚州，洛杉矶

下图：董事会议室
对面页，顶图：接待区
对面页，中图：休息区
对面页，底图：会议室
摄影：Nick Merrick @ Hedrich Blessing

一家充满活力的公司是否能够通过营造一处卓越的办公环境，从而改善经营、促进发展？戴洛特和塔奇会计师事务所聘请DMJM罗泰特设计公司设计完成的公司洛杉矶办公总部则充分证实了这种疑问的可能性。这处办公场所位于城市首屈一指的市中心大厦的14层，共占用了350000平方英尺（约32515m²）。新的办公空间不仅完善了各项设施、降低造价，而且营造了一处更为轻松高效的工作场所。在戴洛特和塔奇会计师事务所标准办公间和工作区基础上，设计师引进了便于改造重组的平面布局模式；尤为突出的是，设在室内四边的办公间采用半透明玻璃幕墙，使整个室内沐浴在阳光之中；此外，最新型的会议中心配备了各种多功能设施；室内还有多种灵活多用的空间，并且采用"预约式"办公模式。这里欢迎发展与变化，而设计则体现了这一切。

DMJM Rottet

Unocal Corporation
El Segundo, California

尤纳考公司（Unocal Corporation）
加利福尼亚州，洛杉矶

上图：功能前区
左图：主会议室
右图：接待区
摄影：Nick Merrick @ Hedrich Blessing

为了满足不断增长的国际业务，跨国经营的尤纳考石油公司将行政总部从洛杉矶市中心迁往靠近洛杉矶国际机场的塞干多（EL egundo）。新的办公设施占地8万平方英尺（约7432m²），设计由DMJM罗泰特设计公司完成，供经理及相关内勤办公人员使用；此外，这里还营造了一处中心庭园，用于接待日益增多的访客及外单位访问员工。室内采用环状布局，以最低成本实现了最灵活的布局。除了功能灵活和成本控制严格之外，尤纳考公司其他一些设施要求还包括故障抢修控制室和大量先进的电信会议室和电视会议室。主会议室和电信会议室毗邻宽敞的功能前区以及厨房和其他服务设施和接待区，因此公司在接待客户进行产品展示时，不必担心干扰日常办公；经理办公间有策略地安排在室内三角形专用办公区，走道在此交会，出入方便。在客户坐飞机到来之前，尤纳考公司早已严阵以待了。

DMJM Rottet
钢匣子木制家具公司
伊利诺伊州，芝加哥

Steelcase Wood Furniture Showroom
Chicago, Illinois

　　决意打破那种认为木制家具过于沉闷古板不适合快节奏现代办公空间的妄论，钢匣子木制家具公司选择 DMJM 罗泰特设计公司为其在芝加哥商品市场设计一处 6000 平方英尺（约 557m²）的展厅，要求引人注目，而且能够引发参观者对木制家具的传统观念进行反思。设计小组通过带有环保主题的设计元素以及公司各种展品的美感，营造出一处极具说服力的空间。一进入展厅大门，视觉叙述便展开了；例如，入口处有一面墙，吊顶上有一道光槽与之映衬，地面也与之呼应，采用天然石材地板平铺整个室内。"浮云"般的石膏板吊顶与半透明的墙体谋划出别具一格的墙体造型；在照明设计中采用特意设计制作的金属框饰灯具悬挂在室内中心；另外室内还安设了一个三屏幕的录像投影系统，表现了公司致力于满足客户各种需求的信念。现在还有人认为木制家具太呆板了么？

上图：书桌书橱展示，由DMJM罗泰特设计公司的 Lauren Rottet, Richard Riveire, Kai Broms 设计
右图：柱基上方的陈列室
对面页，右上图：会议室
对面页，左上图：展厅入口细部
摄影：George Lambros Photography

DMJM Rottet

第一芝加哥银行西海岸地区办公机构
加利福尼亚州，洛杉矶

First Chicago West Coast Regional Office
Los Angeles, California

右图：接待区
下图：会议室
摄影：Joe Aker，Aker/Zvonkoric Photograohy LLP.

"芝加哥第一国家银行"或称"第一芝加哥银行"，是美国最古老的国家特许银行；银行洛杉矶西海岸地区分行，服务落基山脉以西的9个州。银行新近迁入南费格洛大街777号由西萨·佩里设计的一座久负盛名的大厦，室内空间共20000平方英尺（约1860m²），整体布局几近三角形，使用效率高。银行请DMJM罗泰特设计公司为其办公机构营造出一种开放感，同时室内却大多是专用办公间的格局。最终的设计将标准铝板与蚀花玻璃相结合作为室内幕墙。尽管由于预算紧缩，室内缺少新奇的装饰和精巧的木制品，但是设计师通过简洁的设计、充沛的自然光线和开阔宽敞的平面体现空间的品质。

Ellerbe Becket
艾勒比·贝克特设计公司

800 LaSalle Avenue
Minneapolis
Minnesota 55402
612.376.2000
612.376.2271 (Fax)
www.ellerbebecket.com
info@ellerbebecket.com

Ellerbe Becket

Amtrak CNOC
Wilmington, Delaware
阿姆特拉克 CNOC
特拉华州，威尔明顿

左图：开放式布局工作区，内设一些专用办公间
左下图：休息区
右下图：会议中心的功能前区
对面页图：接待候客厅
摄影：Prakash Patel Photography

不，这可不是一个关于网络公司的故事。阿姆特拉克 CNOC 公司聘请艾勒比·贝克特为其设计全国操作中心，迁入威尔明顿一座 52000 平方英尺（约 4830m²）的原库房建筑，将 6 个部门统一安置于这处开放式布局的办公空间，设置统一的工作台，将玻璃外观的专用办公间设在室内四缘，小组协作办公空间安设于室内中心；另外，还包括会议中心、休息室、健身中心和户外就餐露台等生活设施。设计中别具特色的是一面弧形墙、鲜亮的色彩和现代风格的家具。业主对设计结果非常喜欢，人员稳定性比预计大大提高，并且缺勤率降低，这处全日开放的办公设施赢得了绝对性的满意度，员工相互之间的沟通也大大加强。阿姆特拉克 CNOC 意图由部门性企业结构转换为跨功能经营企业，这处办公空间有助于转型的顺利进行。

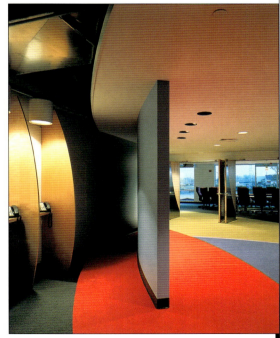

Ellerbe Becket

Crescendo Ventures
Palo Alto, California

克里森多风险投资公司
加利福尼亚州，帕罗奥托

在硅谷有哪一家公司不为拥有酷酷的工业化外壳的办公环境而兴奋不已？看起来，并不是每一家公司都这么认为。当克里森多风险投资公司聘请艾勒比·贝克特设计公司为其设计4620平方英尺（约430m²）的加州帕罗奥托办公机构时，就有意逆潮流而上，意图在古老的建筑内营造全新的办公环境。当地大多数科技公司要么看上去就像个刚刚起步的饕餮之辈，要么就始终将被贴上高科技库房的时髦标签。设计师将克里森多风险投资公司办公大楼内部清除一空，只保留建筑原貌，大多数不要求层高的办公区被围绕电梯井安设，四缘临窗办公区充分享用层高与大窗采光的优势。新的办公室内设施包括专用办公间、会议室、接待区与卫生间，丝毫不逊于原有环境。事实上，新的办公空间更有助于克里森多风险投资公司从众多竞争对手中脱颖而出。这里散发着浓郁的历史感？也许事实绝不仅如此。

左图：接待区
上图：会议室
顶图：合伙人办公室
摄影：Russell Abraham

Ellerbe Becket

Hi-wire
Minneapolis, Minnesota

Hi – Wire 公司
明尼苏达州，明尼阿波利斯

客户们深知 Hi – Wire 公司"毫不保留地为客户服务"的热情，因此都乐于拜访公司位于明尼阿波利斯设备齐全的后期制作中心，这处设施共 12000 平方英尺（约 1115m²），由艾勒比·贝克特设计公司设计完成，并且荣获嘉奖。设计的出色之处在于创造性地满足了客户的需求。尽管 8 个套房式的编辑室占据了室内无窗的中心区域，不为外界干扰，然而客户却可以通过旁边一条主通道通达其他部门；这条通道就像一条主街，还通向接待区、笔记本电脑工作区、健身房以及全天营业的咖啡吧等其他生活设施。除此之外，室内还设有编辑室套房，沿竖向清晰地分成两个区，一个分区供客户工作和休息，另一分区供技术人员日常使用。尽管客户们经常需要在 Hi – Wire 公司里待上很长时间，但是这样一处办公环境使他们欣慰地感受到"毫不保留地为客户服务"可以为他们带来一次次舒适的经历。

左上图：咖啡吧
右上图：接待区
左顶图：编辑室套房
右图：大屏幕室
摄影：Brian Droege

Ellerbe Becket

**Metris Companies
Minnetonka, Minnesota**

梅特里斯公司
明尼苏达州，明尼坦卡

下图：经理接待区
摄影：Dana Wheelock

左上图：办公总区
右上图：董事会议室
右图：专用餐厅

鼎盛之时难免会有失冷静。一些公司之所以迅速发展，或是由于客户认可他们的产品，或是由于他们意欲占领市场主导，这些公司不久就会发现成功过快是需要付出代价的。请参照梅特里斯公司的发展历程：梅特里斯公司是一家相对年轻的信用卡服务机构。公司发展神速，在过去几年中保持着100%的发展速度；然而对应邀负责这处305000平方英尺（约28335m²）9层办公空间扩建设计的艾勒比·贝克特设计公司而言，飞速的发展不啻于一个严峻的挑战。假使空间设施不外乎就是经理套间、开放式布局工作区、会议中心以及服务周到的自助食堂、员工健身中心、日托中心和便利店等生活设施，那么怎样保证办公环境既舒适宜人，同时兼顾功能型和灵活性，有利于公司吸引、安置并留住多达1100名员工呢？设计强调每个区域的适用性。

比如，经理办公套间的风格，让人影响深刻。恰恰相反，开放式布局工作区则大多选用实用型和灵活简便的家具设施，其间布置各类会谈空间以及交替变化的室内背景。员工食堂尺度亲切、气氛轻松，处处给人视觉上的轻松感；日托中心趣味盎然、色彩明快,关照孩子的尺度。梅特里斯公司的 CEO 罗纳德·泽贝克欣慰地说，"这处办公空间反应了梅特里斯公司过去与未来的发展，而且还展示了我们对客户、员工以及股东们负责的精神。"至少还有一家正炙手可热的公司，能够以足够的冷静考虑自己的员工与客户。

上图：自助食堂
右图：日托中心

Francis Cauffman Foley Hoffmann, Architects Ltd.

弗朗西斯 – 考夫曼 – 弗莱 – 霍夫曼建筑师公司

2120 Arch Street
Philadelphia
Pennsylvania 19103
215.568.8250
215.568.2639 (Fax)
www.fcfh-did.com

Francis Cauffman Foley Hoffmann, Architects Ltd.
弗克斯 – 罗斯奇尔德 – 欧布里安和弗兰克尔律师事务所
宾夕法尼亚州，费城

Fox, Rothschild, O'Brien & Frankel, LLP
Philadelphia, Pennsylvania

费城的法律组织机构是费城历史上重要的一笔。事实上，费城律师原型已成为这个城市重要的形象，并且影响了几代人。然而，甚至法律本身也不可避免地发生变化；这一点在弗克斯 – 罗斯奇尔德 – 欧布里安和弗兰克尔律师事务所办公空间的设计中表现得一目了然；这处办公机构共126000平方英尺（约11700m²），可安置300名员工。项目要求包括塑造全新的总体形象、重新装饰会议中心和连接楼梯并且升级照明系统。会议中心位于室内核心区域，地处室内关键之地，设计师为之配备了最新型的信息科技装置，可供公司和客户举行重要会议。有了改造一新的专用办公间、图书室、培训室、邮件和复印室、档案存储室和餐厅等设施，这个设计佳作充分展现出这一充满威严感的职业所焕发的新的活力。

上图：从接待台处看接待区
下图：电梯厅
摄影：Don Pearse

上图：会议中心接待区
右图：标准会议室

Francis Cauffman Foley
Hoffmann, Architects Ltd.

Merck & Co., Inc.
Lansdale, Pennsylvania
梅尔克公司
宾夕法尼亚州，兰斯代尔

右图：标准培训室
摄影：Don Pearse

左图：入口雨篷
左下图：休息区
对面页图：接待区及室内一道"公司历史展示墙"，背后打光

　　谁能预测库仓建筑在当今经济时代中的多重身份？梅尔克公司聘请弗朗西斯－考夫曼－弗莱－霍夫曼建筑师公司为其设计的保健部门培训和职业发展中心堪称典范；这处办公机构位于宾夕法尼亚的兰斯代尔，总面积110000平方英尺（约10220m²），预计安置150名员工。空间内，40英尺×60英尺（约12m×18m）的开间以及15英尺（约4.5m）的层高构建了培训室、休息区、大屏幕室、阅读区、自助食堂以及其他建成和规划完成的生活设施，其中培训空间约为1500平方英尺（约140m²）。新式的机械和电气系统、先进的视听技术和信息科技、新设的幕墙体系以及一个被称作"市镇广场"的室内庭园，为整个室内的布局结构添色不少。设计完成之后，尽管还是仓库结构，这里却已成为一个环境优越的培训基地。

Francis Cauffman Foley Hoffmann, Architects Ltd.

AlliedSignal/Honeywell
Morristown, New Jersey

联合信号公司
新泽西州，莫里斯城

上图：大厅中心的座席区
摄影：Don Pearse

室内遍布大厅和休息接待区通常会给人留下良好的第一印象。如同居家的客厅，这处商务办公机构的大厅显得生机勃勃而不是死气沉沉。然而，位列财富500强企业的联合信号公司新近被通用电气并购，其新泽西州莫里斯城的办公机构内4500平方英尺（约420m²）的大厅，经弗朗西斯－考夫曼－弗莱－霍夫曼建筑师公司改造之后，有力地阐释了所谓大厅塑造良好第一印象的深远意义。新的设计方案体现了诸多关注：室内新设一条坡道符合ADA标准，添设新的接待区和候客座席区，并且还升级了照明系统、电梯及入口安检系统以及户外场所建设等。与访客息息相关的是焕然一新的中心大厅，为了保证高度视觉透明度，室内采用樱桃木、陶瓷地砖、品质精良的家具以及精致的灯具；以一个21世纪成功企业应有的生机勃发迎接到访的来宾。

Francis Caufman Foley Hoffmann

University of Pennsylvania Biomedical Research Building II/III
Philadelphia, Pennsylvania

宾夕法尼亚大学，生化科研大楼二期、三期
宾夕法尼亚州，费城

世界各地的实验楼建筑都像演奏严肃音乐时对乐手席位的要求一样一丝不苟，整个步骤如同实验的进行一样从开始到结束或是继续探索发现。这个步骤安排有利于科学研究，但是对建筑设计而言却是一次重大挑战，宾夕法尼亚大学的生化科研大楼二期、三期工程的建筑设计就是对这一挑战的巧妙应对。大楼共384000平方英尺（约35670m²），提供给660人使用；行政办公区可以进行改动，并且保证最小限度的干扰；然而标准实验台却对水、通风、空气以及其他设施有着严格的要求，一切都按照严格的位置妥善安置。为了减少二期/三期工程入住时对现有实验区的干扰，设计师引入了一个通用布局的设计理念，设备按序安装，隔间拆装灵活，便于主要实验空间自由改变大小；此外，还插入一个细长的设备通道保证实验材料顺利出入。实验室从来都不会处于"完成"状态，而宾夕法尼亚大学的生化科研大楼二期、三期工程却充分展示了"暂时性"的美感。

上图：会议室
左图：专用办公间
左上图：标准实验室台
摄影：Don Pearse

Francis Cauffman Foley Hoffmann, Architects Ltd.

The Oaks Personal Care Facility
Wyncote, Pennsylvania

"橡树"个人保健设施
宾夕法尼亚州，温科特

这处19世纪晚期居住风格的哥特式石材建筑，如今已经废弃。石宅原为斯蒂森制帽公司的经营者斯蒂森家族的消夏寝宫。后来，石宅又被改造成为一个护理机构，并且添加了一个单层扩建部分。再后来，长期护理行业日益严格规范要求，这个护理机构由于标准上的缺陷被关闭停业。吉内斯·爱德护理机构致力于为被诊断为阿尔茨海默氏症（老年痴呆症）早期的病人提供个人特护。于是机构购买了这幢早已废弃的石宅，决心营造一个安详、具有传统美感、关注周围文脉的整体环境。作为社交活动中心，石宅本身就赋予设计师无穷的灵感。原建筑大多数独特的雕饰被保留下来，进行精心的修复，从而为这样一个工期要求紧张的工程平添几分奢华之感。建筑两侧还各添加了一个两层扩建部分，这里共安置有49间住房。整个设计格局呈现出法国乡村别墅风格。营造这样一处环境的挑战在于：如何在体现护理设施机构环境的前提下，充分关照患有痴呆症病人的特殊要求。设计小组与机构的专业医生密切合作，切实了解年迈病人通常的视觉需求和精神需求。这个设计需要设计师广泛缜密地特殊考虑。

上图：大厅与专用餐厅
右图：客户标间
摄影：Don Pearse

Gary Lee Partners
加里·李合伙人公司

360 West Superior Street
Chicago
Illinois 60610
312.640.8300
312.640.8301 (Fax)
www.garyleepartners.com

Gary Lee Partners

Russell Reynolds Associates
Chicago, Illinois

路塞尔·雷纳德联合公司
伊利诺伊州，芝加哥

上图：电梯厅
右上图：专用办公间
右顶图：董事会议室
对面页图：接待区
摄影：Christopher Barett/ Hedrich Blessing

这家国际管理人才公司在营建新办公场所设计时，最重要的是能够表达公司悠久的传统以及服务至上的热忱。因此，设计的挑战在于如何通过新型的现代科技完成设计意图。最后，加里·李合伙人公司出色完成了设计，在传统建筑细部修饰中融入简洁明快的现代风格线条，从而营造出一处精致无二的空间。室内多采用天鹅绒、皮革、萨丁木、"考林伯"护壁及酸蚀玻璃，这些材料的选用烘托出一种历史感与温馨的氛围。风格多样的家具设计以及琳琅满目的织物、绘画、摄影和纸艺等艺术品不仅与建筑本身相映成趣，而且加强了空间的深度。新的办公场所面积为22000平方英尺（约2044m²），为70名员工提供各类办公及相关设施、空间充裕的档案区和生产区、就餐区、接待区、专用办公间及毗邻的设计独特的辅助工作区，另外还有一个配有活动板的董事会议室，使用起来灵活方便。专用办公间规格统一，避免由于人事调动而调整办公空间需要的开销。设计之后的办公空间功能齐全、工效性强、效率高，成功地将对公司传统文化的珍视和先进的经营策略结合在一起。

Gary Lee Partners

A Professional Services Firm
Chicago, Illinois

专业服务公司
伊利诺伊州，芝加哥

左下图：俱乐部
右图：舒适的小组工作室
左底图：咖啡厅
右底图：健身房
摄影：Steve Hall/ Hedrich Blessing

加里·李合伙人公司承担了这家专业服务公司办公楼扩建部分的总体布局和设计任务。全新的办公空间为设计师提供了新的机遇，探索多样化办公空间及其他特殊设施的设计，激励员工之间相互交往，并且能够反映出员工们乐而为之的工作模式。公司原有空间的设计理念基于一种国际风格。在此基础上，设计师发展了一种复杂独特的设计，将照明、材料与形式完美融合。地板表面的抛光材质与纯粹的玻璃墙既反射光线又开拓了视野的深度。经典、光洁、现代的家具在奢华的表面材料之下为空间增添了质感的平衡，同时本身也成为艺术品。在诸多新添的设施中，有一个宽敞舒适的小组工作室，用以召开非正式会议；还有一个"俱乐部"，为较大的工作团队提供同公司网络"即插"全通工作平台；此外，还设有咖啡厅休息区、进行重量练习和有氧运动的健身中心以及冲淋/更衣间等设施。整个室内空间，既品位高雅又功能实用，反映出公司为改善工作环境和提高员工生活品质所做出的不懈努力。

Gary Lee Partners

Baker & Daniels
Indianapolis, Indiana
贝克和丹尼尔公司
印第安纳州，印第安纳波利斯

左图：专用办公间
左下图：电梯厅
右下图：走廊
对面页图：董事会议室
摄影：Steve Hall / Hedrich Blessing

为了针对企业发展加强管理，贝克和丹尼尔公司决定在毗邻印第安纳波利斯科技走廊的地方新建一处36000平方英尺（约3344m²）的办公场所。之所以把办公地点选在这个新近兴建的办公园区，交通便利是关键因素。这里紧邻印第安纳波利斯高速公路，而且靠近公司那些高科技行业的客户，从而把这里变成了公司的会议中心。

这处办公场所的设立为公司位于印第安纳波利斯市中心的办公总部、遍布城内的各个办公机构以及不断扩展的客户提供了更为周到的服务。同时，这里还为日益增长的技术部、房地产及地产管理部门提供了新的办公场所。而且，这处新的办公空间同市中心的公司总部清一色深色木材的传统风格截然不同。室内轻快的色彩布局以及玻璃、大理石和不锈钢等材料的运用给人以清新、现代的感觉。室内陈设着产自英格兰的泰河护壁，纹理细腻，更体现出风格与品质，反光玻璃为整洁清爽的整体建筑和简洁明快的细部处理更添几分风采。室内现代风格的经典陈设以及为此扩建专门设计定制的家具，清楚地体现了公司对品质的执着追求。

新办公空间的室内设施包括两层高的接待区和董事会议室，会议室内有一道醒目的大理石主题墙。空间四缘分设律师专用办公间，配备以最新型的科技设施。内勤办公区的工作隔间由设计师专门定制，宽绰的水平桌面可以支持多功能需求及设备使用需要。档案室便于通达而且空间充裕。这个设计不仅体现了贝克和丹尼尔公司对原有观念与价值的维护，同时还表达了对客户需求积极响应的服务意识。

上图：接待区

Gensler
亨斯勒事务所

600 California Street
San Francisco
California 94108
415.433.3700
415.627.3737 (Fax)
www.gensler.com

Amsterdam
Arlington
Atlanta
Baltimore
Boston
Charlotte
Chicago
Dallas
Denver
Detroit
Hong Kong
Houston

LaCrosse
London
Los Angeles
New York
Newport Beach
Parsippany
San Francisco
San Jose
San Ramon
Seattle
Tokyo
Washington, DC

Gensler

Shaklee Corporation
Pleasanton, California
萨克利公司
加利福尼亚州，普利桑顿

左下图：员工休息区，或"壁炉"休闲区
右图：入口大厅
对面页图：室内中庭
摄影：Paul Warchol

作为一家营养品、个人保健品、家用品及家庭水处理产品生产商，萨克利公司拥有发达的个体分销商的全球网络。从1956年弗瑞斯特·萨克利博士创办至今，公司已经有了长足发展。萨克利博士本着对自然以及人类内在力量的坚信不渝创建了这个企业，现已成为Yamanouchi消费品公司的一部分。萨克利博士的人生哲学同样鲜明地体现在公司总部的设计中。这处127000平方英尺（约11800m²）的办公总部位于加州普利桑顿，由亨斯勒设计完成，并荣获嘉奖。室内大厅、开放式布局工作区、会议中心、阶梯讲座厅/报告厅及其他公共空间的设计旨在体现公司"与自然和睦相处"的信条。比如，办公间环绕两个中心共享大厅而设，共享大厅朝北，充当采光天窗。在室内装饰、护壁及定制加工的布艺设计中，也纷纷融入了公司产品中生产原料所采用的植物形象。此外，清新的气体从整体地下系统中飘出，这样的环境当然会让萨克利博士感到心旷神怡。

Gensler

Eisner Communications
Baltimore, Maryland
埃森纳通讯公司
马里兰州，巴尔的摩

埃森纳通讯公司是国内领先的广告和通讯独立代理公司，公司需要一处办公场所能够体现公司的经营性质，即提供独具创意的设想以及品牌策略谋划。公司需要一个充满生机活力的办公环境来吸引那些富有创意的策划人才并给予他们充足的空间以施展才华。然而，埃森纳通讯公司活跃于巴尔的摩地区已近70年，标准办公楼显然并不能反映公司的个性。机遇来临了，一幢始建于1902年已经废弃不用的家具厂欲改造为国家登记在册的A类历史建筑。埃森纳通讯公司抓住了机遇。公司在这个改造一新的巴格比大楼里拥有了50000平方英尺（约4645m²）的新办公空间，与原来以单间为主的工作环境反差强烈。现在，设计部和财务部都团聚在这个"品牌梦工厂"内，员工们获得了前所未有的合作与交流空间。自然与光线弥漫着整个室内，新铺的木地板、天窗、建筑金属、2×4半透明纤维玻璃板、玻璃砖以及暴露在外不加粉饰的砖墙，同原建筑的原木结构完美结合。钢板天桥与接待区内的高大楼梯相连，更具质感与通透性。这是一个充满现代感、活力四射的工厂，不断激发让人振奋的新创意。

左上图：品牌策划小组工作区
右上图：室内大厅
右图：改造后的电梯井
对面页图：接待区楼梯
摄影：Paul Warchol

Gensler

**Nikken, Inc.
Irvine, California**

尼肯公司
加利福尼亚州，欧文

左图：主厅
左下图：建筑外观
对面页图：中庭
摄影：Jon Miller / Hedrich Blessing

　　1973 年，增田勇（Isamu Masuda）就曾展望过开设一家公司帮助各地人民实现完全健康生活的前景。两年之后，在理想的驱动下，他在日本福冈成立了尼肯公司，生产保健品和磁疗产品，公司的经营策略就是增田勇"全民健康"的理念。整个建筑包括 5 个主要生活区，被尼肯公司定义为"健康五支柱"，并被用作商标：健康的身体、健康的大脑、健康的家庭、健康的社会、健康的经济。现在尼肯公司已成为世界上最大、发展最快的网络化经营公司，并且在加州欧文拥有 225000 平方英尺（约 20900m²）的最新型的办公大楼。亨斯勒事务所承担了设计任务，为增田勇的信念赋予了视觉形式。公司哲学（商标）的视觉表现使得这处办公空间独树一帜，格外引人注目。

公司总部集合了5种建筑结构形式,但相互之间非常和谐,采用质量兼备的设计勾画出建筑的形体、体量及细部。室内设施要满足不同需求,如经理办公间、话务中心、市场/客户服务中心、零售店、培训中心/报告厅以及自动货仓配送中心。但是,室内中心的中庭将其统一起来,为交流沟通与相互合作提供了空间。室内设计与建筑设计及景观设计融为一体,强化了"室内外相融"的设计风格,自然光和室外景观倾泄而入,恰如其分地体现了尼肯公司"全民健康"的美妙理想。

顶图:经理办公室
上图:总办公空间
下图:培训室

Griswold, Heckel & Kelly Assoc., Inc. and Space/Management Programs

格里斯沃德 – 海克 – 凯里合作公司和空间/管理方案

GHK
55 West Wacker Drive
6th Floor
Chicago
Illinois 60601

Space/Management Programs
200 E. Randolph Drive
Suite 6907
Chicago
Illinois 60601

312.263.6605
312.263.1228 (Fax)
www.ghk.net

New York
Boston
Baltimore
Washington, DC
San Francisco

Griswold, Heckel & Kelly Associates, Inc. and Space/Management Programs

High Impact Spaces
Chicago, Illinois, Florence, Kentucky and Cambridge, Massachusetts

下图：辛纳吉公司，交易大厅
摄影：Tony Schamer

密集空间
伊利诺伊州，芝加哥
肯塔基州佛罗伦萨和马萨诸塞州剑桥

上图：逻辑驱动公司，游乐室
对面页图：逻辑驱动公司，走廊与开放式布局工作区
摄影：Charlie Mayer

右图：网际历险公司，接待区
摄影：Tom Linger / Vanderwarker

你的办公空间是否趣味盎然？我们的前辈可能会认为这样的问题简直不可思议。然而高科技公司已经开始处处投员工所好，深切为员工利益着想，通过办公环境吸引并留住人才。建筑师和室内设计师多年来试图探寻办公空间设计与员工行为之间的联系。现在，在网罗人才的压力之下，高科技公司致力于办公环境的创新设计，使工作更加富有趣味性。例如，格里斯沃德－海克－凯里合作公司和空间/管理方案新近为3个高科技行业的客户设计了办公场所：逻辑驱动公司（Drivelogic）位于伊利诺伊州的芝加哥，面积17000平方英尺（约1580m²）；肯塔基州佛罗伦萨的辛纳吉公司（Cinergy），需要7000平方英尺（约650m²）的交易大厅及总面积为18000平方英尺（约1670m²）的其他设施；位于麻省剑桥的网际历险公司（NetVentures）则需要5050平方英尺（约470m²）的办公场所。这三个工程都面临着工期紧张、预算紧缩、技术复杂的问题。最后，所有雄心勃勃的员工对新的办公环境都深表满意，他们认为新的办公空间不仅功能实用而且生动有趣。

Griswold, Heckel & Kelly Associates, Inc. and Space/Management Programs

Brown Brothers Harriman
Boston, Massachusetts
布朗兄弟哈里曼投资银行
马萨诸塞州，波士顿

古老庄重的银行大厅需要超大尺度的结构和经久耐用的建筑来打造其钢筋铁骨。但是网络时代的经营却愈来愈依赖办公空间的内脏器官，如主要机械、电气及管道系统等，而这些却经常需要置换。久负盛名的布朗兄弟哈里曼投资银行聘请格里斯沃德－海克－凯里合作公司改造并升级公司的办公空间。办公楼地处波士顿金融区，共35884平方英尺（约3333m²），供76名员工使用。对于室内银行大厅、经理办公间、专用办公间、开放式工作区、会议室、餐厅和厨房等处年代久远的装饰细部，无人可以再动手笔了。但是空间需要一些新的核心体系，比如隐置于精美的石膏吊顶之后的自动喷淋灭火系统。有趣的是，由于这些孜孜不倦的重建和改造工程，布朗兄弟哈里曼投资银行整体工作面貌看起来比先前大为改观。

左上图：董事餐厅
左图：会议室内，隐置于壁橱之后的电视电信会议设备
远处，左图：银行大厅内，浮设的会议中心令人瞩目
对面页图：电梯厅内别具特色的古式木制家具
摄影：Ed Jacobi

Griswold, Heckel & Kelly Associates, Inc. and Space/Management Programs

Andersen
Chicago, Illinois
安德森公司
伊利诺伊州，芝加哥

左图：税务部入口
左下图：商务咨询区内，多种可供选择的工作空间
右下图："10分钟"餐厅
摄影：Charlie Mayer

诚如莎士比亚所言，"我们的王国需要世人认可"，多种经营的公司及其分公司和子公司的品牌问题已为全球所关注。格里斯沃德－海克－凯里合作公司对安德森公司11层342380平方英尺（约31800m²）的办公场所进行改造时，在统一公司品牌标准下充分强调了各部门的独立主体特征。这个获奖方案在室内设计了开放式布局工作区、小组合作办公室、预约式办公区、会议中心、专用办公间（较少）和餐厅等设施。整体风格明快、色彩丰富、使用密度高，并最大限度地减少过道空间。通过强调消除级差的平面化、功能灵活性及自发交谈空间，安德森公司下属每一个部门都有了一个全新的良好开端。

Griswold, Heckel & Kelly Associates, Inc. and Space/Management Programs

Heller Financial
New York, New York

海勒金融
纽约州，纽约

上图：大会议室
右图：接待区
右下图：专用办公间
摄影：Cervin Robinson

目前美国公司着重强调团队的合作意识，旧的办公空间的布局已显得不合时宜。试看格里斯沃德－海克－凯里合作公司为海勒金融公司65000平方英尺（约6039m²）的两层办公楼所做的改造设计。设计师将专用办公间缩小至10英尺×10英尺（约3m×3m），并将其从室内边沿位置移至中心区域，把开阔清晰的窗景留给开放式办公总区；经理办公间也小多了，只有10英尺×15英尺（约3m×5m）规格；室内的两个会议室的配备更为先进，而且有策略地被安置在接待区。哪里是新办公空间的核心？当然是会议室，这里用于接待来访的客户可是绰绰有余。

Griswold, Heckel & Kelly Associates, Inc. and Space/Management Programs

Constellation Energy Source
Baltimore, Maryland

群星能源公司
马里兰州，巴尔的摩

加州所采取的措施表明，对美国滞缓的能源产业撤销管制，将会导致局面复杂，前景难以预知。在巴尔的摩最近新开辟了一个充满活力的产业前哨，格里斯沃德－海克－凯里合作公司负责为这家群星能源公司设计一处50200平方英尺（约4663m²）的办公空间。能源产业需要的办公场所应该能够对变化作出迅速经济的反应调整。而且在灵活性的前提下，还要保证专用办公间及开放式工作区规格统一。此外，交易厅基础设施也应该便于调整增容，能从48人标准迅速增容至110人限额。正如每位访客在经理接待区所看到的交易大厅那样，群星能源公司的确"璀璨异常"。

上图：经理接待区
左下图：交易厅
右下图：经理会议室
摄影：Alain Jaramillo

Godwin Associates
格德温事务所

7000 Central Parkway
Suite 1020
Atlanta
Georgia 30328
770.804.1280
770.804.1284 (Fax)
www.godwinassociates.com

Godwin Associates

Security First Network Bank
Atlanta, Georgia

安全第一网络银行
佐治亚州，亚特兰大

左图：一组合作工作空间
下图：主入口
对面页图：互动娱乐区和休息室
摄影：Robert Thien / Robert Thien Photography

安全第一网络银行号称"无库存银行"。摆在格德温事务所面前的是一次独一无二的挑战，为银行设计一处40000平方英尺（约3716m²）的亚特兰大办公机构，安置260名员工。这是一家久负盛名的加拿大银行的一个分支机构，正力图开展银行所有标准业务。然而，在实现这一目标的同时，还要考虑到通过办公环境的设计来源源不断地吸引新生力量，鼓励员工之间相互交往，激发创造性，从而改善员工精神风貌。格德温事务所提交的设计方案为开放式平面布局，工作区的划定由一个个工作台聚合成的"聚点"完成。室内开设4个主要场所作为"目标点"，鼓励员工举行正式的或随意的会谈。其他交往合作空间，例如专用电话间和小巧的软座休息室等设施也遍布室内各处。

Godwin Associates

Viewlocity
Atlanta, Georgia

Viewlocity 公司
佐治亚州，亚特兰大

Viewlocity公司总部设在欧洲，而公司亚特兰大办公分部的空间设计总是让人一见就赞叹不已。设计由格德温事务所完成，室内面积共23000平方英尺（约2136m²），供公司100多名员工使用。整个设计构思精巧，引人入胜，舒适的休息区随处可见，成为环境的背景；设计师还充分导入视觉科技和互动沟通，对公司在客户发展方面的卓著成就进行展示。室内设计追随一个巧妙设置的发现途径逐步展开，将设计师的设计步骤策略性地同公司在美国的创业历程融合在一起，自始至终保证让人惊奇的第一印象。Viewlocity公司是一家电子商务供应链管理软件供应商，公司力图给美国客户和风险资本家们留下一个深刻有力的第一印象。正如一走进入口所见到的，室内设施灵活，环境散发出勃勃生机：隔断可以反复拆装，家具为开放式布局，装饰部分可以灵活移动，所有这些还传达出业主的又一设计意图，即适应业务拓展和人员增容，吸引并留住人才。

上图：主入口
左图：主展示间
左下图：网络登陆区
右下图：休息室
摄影：Robert Thien / Robert Thien Photography

Godwin Associates

Global Support Technology Center
Atlanta, Georgia
全球技术支持中心
佐治亚州，亚特兰大

左图：24小时监控区
右图：走道，配备销售展示系统
左下图：客户参观区
摄影：Robert Thien / Robert Thien Photography（左图），Brian Robbins / Robbins Photography, Inc.（右图，右下图）

许多客户永远无法了解位于亚特兰大的全球技术支持中心的技术操作。这个迅速崛起的技术中心全日制开放，不仅提供各种技术支持，而且还是某些专业产品的销售基地。这里还展示了如何应对机密项目以及急难事务的方法。由格德温事务所承担设计了这处6500平方英尺（约604m²）的场所，室内设施包括计算机实验室、客户参观中心、展示区、图书室及休息区等。设计师充分关注实际操作，在室内设置机械制动的遮屏，每当遇到敏感问题，可以阻隔访客视线，保证一定的机密。一旦查明客户设备的问题，信息可以直接传送至客户答疑中心，从而迅速准确地解决各种难题。

Godwin Associates

DeKalb Office Environments
Alpharetta, Georgia

德卡布公司办公环境
佐治亚州，阿斐雷塔

通常情况下公司的发展总是比办公空间要快。然而，位于佐治亚州阿斐雷塔的盛名远扬的综合性高档家具经销商——德卡布公司，由于经营变化对办公环境引发的影响却不同凡响。当格德温事务所受聘为其设计一处35000平方英尺（约3252m²）的办公场所时，设计师采用了一个公司对公司全新视角而非设计事务所对业主的传统视角进行设计。为了与德卡布公司携手将理想转换为现实，设计师采用一种设计理念，把这一家具经销场所改造为一个真正的工作实验室，对当代办公空间的发展演变进行研究。这是一个获奖作品，设计师在设计中形成一些概念化的互动装饰，强调解决具体问题。这些装饰部分同相宜的家具、饰品、照明设计与平面造型融为一体，根据客户的特别要求提供精致的细部处理，同时还便于改装。设计师在此建构了一个个自给自足的工作社区，添设了钢框设计合伙人公司生产的配套钢框产品。这些创意观念的渐进效果就是将德卡布公司由各种功能空间转换为公司经营之

左图：主入口及两排廊柱
上图：专用办公间与合作空间及可拆装式隔断
顶图：咖啡吧交往空间
对面页图：合作区及咖啡吧，呈卫星城式分布
摄影：Robert Thien / Robert Thien Photography

右图：主休息区
远处，右图：天花拱腹与地毯的空间导向作用
下图：经理套房

外的现实世界中的互动延伸；这些功能设施包括：经理套房、合作工作区/咖啡区、非正式会谈区/软座休息区、餐厅、聚会亭间/咖啡吧以及电话间等，所有这些设计都有助于增强客户信任感。

Group Goetz Architects
古兹建筑师小组

2000 L Street, NW
Suite 410
Washington DC 20036　　　Reston
202.682.0700　　　　　　　New York
202.682.0738 (Fax)　　　　　Los Angeles
www.gga.com　　　　　　　London
info@gga.com　　　　　　　Bogotá

Group Goetz Architects

1307 New York Avenue
Washington, D.C.

纽约大道1307号
华盛顿特区

左图：可容纳100多人的多功能间
左下图：董事会议室
右下图：主大厅
对面页图：大厅及电梯间和服务台
摄影：Maxwell Mackenzie

4所高等教育机构以一种戏剧性的方式向人们展示了团结的力量，他们成立一家联合公司，购置并重新开发华盛顿市中心纽约大道1307号一幢使用面积为105000平方英尺（约9755m^2）的大楼。由于地处工业金融要地和房地产免税区，再加上古兹建筑师小组的精心设计，联合公司办公楼大大削减了空间使用成本，不仅添设各类空间以满足形形色色的频繁会议需求，而且还大大提高了员工的工作效率，改善了员工的工作面貌。联合公司办公楼向世人展示出高等教育有益社会的形象，并且与现在和将来的学员、员工以及大众息息相关。除了为各个机构设计独立工作空间之外，设计师还为联合公司规划出统一风格的公共空间，包括接待区、接待前厅、董事会议室、会议室和可容纳100多人的多功能间。美观、经济、灵活的设施恰如其分地印证了管理委员会的话，"非赢利无可限制"。

Group Goetz Architects

Circle.com
Baltimore, Maryland
Circle.com
马里兰州，巴尔的摩

左图：会议室及半透明设置
右图：接待区
对面页下图：玻璃围合的会议室
摄影：Ron Solomon

Circle.com 公司生气勃勃，古兹建筑师小组为其设计的位于巴尔的摩内港的 7000 平方英尺（约 650m²）的办公总部充分表现了公司的朝气。Circle.com 公司专门为全球《财富》1000 强企业及其他知名企业提供经营策略的网络咨询；公司约 24 名员工，分属营销总部、财务管理部、概念部、设计部和产品部。办公总部室内设计风格"简洁明快、充满活力"，与同位于这幢大楼内的母公司的设计风格截然不同。新的办公空间内，充分演绎着石灰石、玻璃以及航空缆索固定的电动纱幕等传统材料以及另外一些现代材料，如同明亮空间内悬浮的活力四射的背景。还有什么地方比这里更能彰显网络工业的未来呢？

Group Goetz Architects

Lucent Technologies
Washington, D.C.

路森科技公司
华盛顿特区

右图：最新式的展示区
下图：走道及多媒体展廊
对面页图：从接待区通向咖啡厅的楼梯
摄影：Paul Warchol

由于华盛顿是一个古老的南部城市，风格保守，而古兹建筑师小组为路森科技公司政府方案部设计的80000平方英尺（约7432m²）的办公总部则处处体现了设计的大胆创新。将公司位于市郊的两个分部与另一个边远都市的分部一同搬到首都市中心，靠近政府这个大客户，政府方案总裁可谓勇敢之至。然而，没有因循众多行政官员喜欢的那种标准办公室内设计，公司营造出全新的办公环境，激发交流创新的兴奋感。办公空间设计灵活并且符合工效学原理，成了一个在最优化网络建构背景中的科技展示。室内设施主要包括餐厅、论坛及小组工作间。在此，沟通与交流规划了公司的未来。

Group Goetz Architects

World Bank InfoShop
Washington, D.C.
世界银行信息店
华盛顿特区

假如可以成功打破书店、图书室甚至餐厅之间的界限的话，那么古兹建筑师小组为世界银行在华盛顿设计的7000平方英尺（约650m²）的信息店将同样广为接受。世界银行决定将其书店与公众信息中心合并为一个零售商店，体现了对共享知识、时事信息及国际实务范例的关注。信息店在室内加入两个交叠的网格，一个与室内主通道平行，另一个采用曲线和角度，并且使用定制加工的书架与其他展架，像书店和图书馆那样告知人们货品的具体位置。

右图：定制加工的展架
下图：入口室内
摄影：Maxwell MacKenzie

H. Hendy Associates
H. 亨迪合伙人事务所

2415 Campus Drive
Suite 110
Irvine
California 92612
714.851.3080
714.851.0807 (Fax)
www.hhendy.com

H. Hendy Associates

eHomes.com
Aliso Viejo, California

eHomes.com
加利福尼亚州，阿利索维乔

上图：店面设计的3D模型
右图：从建好之后的店面，看向室内
右下图：Expresso 咖啡吧
对面页图：零售店室内
摄影：Paul Bielenberg

你说你还从未在网上购置过房产，那么加利福尼亚州阿利索维乔的eHomes.com网站可以提供网上房产服务，在全国范围内随时提供点击成交的房产网络服务。与公司网上业务相辅相成的是一批遍布各地的零售点，那里有经纪人为您提供服务，而且还设有网络登陆间供客户随时上网浏览。为了跻身零售业市场，eHomes.com委任H.亨迪合伙人事务所为其设计一个形象店，要求让人感受到家的温馨和网络的奇妙。空间布局包括一些半封闭式会谈室、一个经纪人预约式办公区、儿童游乐空间、Expresso咖啡吧、网络登陆间以及一个醒目的标牌设计，所有这些都必须安置在一个2200平方英尺（约204m²）的空间内。店面设计的计算机模型与真实店面无出二致，业主对此非常满意，欣然委任了事务所其他设计任务。

H. Hendy Associates

buy.com
Aliso Viejo, California
buy.com
加利福尼亚州，阿利索维乔

buy.com 是一家拥有12家特色店和300万客户的著名网上零售商,自称为"超级网店"。当公司的创始人斯科特·布兰姆在动工大会上宣布要在加利福尼亚阿利索维乔建一个52000平方英尺(约4830m^2)的新办公总部时,他要求 H. 亨迪合伙人事务所的设计做到"简洁、灵活、高品质"。Buy.com 最终如愿以偿。围绕室内核心式布局,由卫星式分布的计算机档案服务间提供技术支持,室内设有视听电信会议室、高科技等离子平面大屏幕区,布局紧密的扩展式标准办公台以及其他生活设施,比如供应餐点的食堂、冲淋室,提供全天服务的食品饮料区,方便那些不得不在夜班工作的顾客,随时接待极有可能在凌晨两点光顾的客人。

左上图:全天服务的餐厅
左图:接待区
右下图:接待区内座椅
摄影:Milroy & MaAleer Photography

H. Hendy Associates

An Energy Company
Chicago, Illinois

某能源公司
伊利诺伊州，芝加哥

撤销对能源业的管制迅速激活了一度发展缓慢的能源制造产业，使其焕发了前所未有的活力。H.亨迪合伙人事务所新近应邀设计一处两层共4.2万平方英尺（约3902m²）的芝加哥地区办公总部，业主就是活跃在这个新兴市场的一家大牌能源公司。公司发电能力接近23000兆瓦，并且在全球投资了75个能源项目，而且在此工程之前就与H.亨迪合伙人事务所建立了长期稳定的关系。因此，设计师很快就找到了这处新近购置的地区办公总部在设计中存在的主要问题。设计意图营造一个功能合理、成本节约的办公环境，融公司主体特色与芝加哥当地文化历史背景为一体。设计灵感源自赖特的Prairie林间小屋风格，深深扎根于中西部背景之中。

左图：接待区
正上方：经理休息室
上图：董事会议室
顶图：经理休息室
对面页图：董事会议室
摄影：Chris Barrett / Hedrich Blessing

H. Hendy Associates

Joe's Garage
Tustin, California

乔家车库
加利福尼亚州，图斯丁

关于汽车话题的新论是：美国机械工程师协会最近宣布汽车位居飞机、冰箱和阿波罗登月计划之前，被称作"20世纪机械工程的最大成就"。汽车迷们当然都是乔家车库的常客。乔家车库位于加利福尼亚州的图斯丁，占地30000平方英尺（约2787m²），集汽车博物馆、盛大活动会场和乔·麦克佩森及其员工日常办公场所为一体，设计由H.亨迪合伙人事务所完成。为了将这一系列老式汽车展示典藏行为付诸切实可行的商业操作，乔·麦克佩森要求根据加州古建筑风格修改建筑立面，大量现实主义风格的壁画勾画着加州的历史，并且还安设了舞台照明设备，从而把这处两层停车场结构的建筑改造成为一个休闲娱乐的好去处。这里时不时就会举行商务会议、艺术展以及婚礼庆祝活动，更加证实了乔家车库如今已成为一个停车旺角。

左顶图：礼品店收银台
右顶图：礼品店和宴会厅
上图：博物馆大厅
摄影：Chris Barrett / Hedrich Blessing

Hillier
希勒集团公司

500 Alexander Park CN 23
Princeton
New Jersey 08543
609.452.8888
609.452.8332 (Fax)

www.hillier.com

New York
Newark
Philadelphia
Washington
Scranton
Kansas City
Dallas
London

Hillier

AND 1
Paoli, Pennsylvania

AND 1 公司
宾夕法尼亚州，帕奥利

左图：公司零售店
右图："巷道"
摄影：Jim Hedrich /
Hedrich Blessing

运动员的成功生动地证实了这样一个道理：拥有一技之长就可前途无量。所以当这家反传统的、生机勃勃的、街市风格的公司宣布"AND 1 只与篮球有关"时，也无需大惊小怪了。AND 1 只想成为世界最出色的篮球鞋和篮球服装设计商与生产商。最近公司聘请希勒集团公司负责设计公司位于宾夕法尼亚州帕奥利的一处 40000 平方英尺（约 3716m²）的办公总部，并且意欲通过办公总部的设计传达出公司的勃勃雄心。室内的核心是一条"巷道"，它是一条主要人流通道，从接待区一直伸向标准篮球场和餐厅/休息室。整条"巷道"的装饰采用常见的都市建筑材料，比如彩色水泥地板、15 英尺（约 4.5m²）高的天花板之下一些不加修饰的结构系统和设施，涂过清漆的胶合板及清水墙隔断，还有链条状隔板划分的工作台。你不得不相信 AND 1 就是喜欢这种"积极主动的快感。"

左上图：篮球场

Hillier

StarMedia 星光媒介
New York, New York 纽约州，纽约

左图：休息区
上图：开放式布局工作区
摄影：Paul Warchol

右图:"聊天室"
下右图:"聊天室"外观

拉美人有多大可能去参观星光媒介这家最早为他们提供服务的网络公司呢?星光媒介已由最初成立时的6名员工发展到今天的400多名员工,因此不得不新建一处100000平方英尺(约9290m²)的办公总部,希勒集团公司承担了设计任务。室内各式各样的设施表现出公司的勃勃生机,不仅是在这个充斥着计算机的空间营建一处能合理安置现有员工的办公环境,同时还采用设计灵活的室内设施和平面布局为公司未来的发展留有余地。灵活便捷是这个开放式布局设计的最高宗旨,便于公司迅速地重新组合,安置不断增长的人员数量,要知道公司每星期都要增加五六名工作人员。不仅如此,设计还为员工们奉上一个饶有趣味、工作方便的环境,将正式会议室与非正式的会谈室统一调整为各种规格大小和形式各异的空间;室内精巧的现代设施以及戏剧化的照明设计大大激发了员工的工作热情。

Hillier

Pharmacia Corporation
Peapack, New Jersey

帕玛西亚制药公司
新泽西州，皮帕克

左图：经理接待区
右图：工作区休息空间
下图：备膳室
对面页图：主厅
摄影：Barry Halkin

真金不怕火炼。收益管理公司拥有10幢建筑的450000平方英尺（约41800m²）的办公园区就是明证；原有设计由希勒集团公司完成，现在希勒集团公司又应聘将其改造为帕玛西亚制药公司全球总部。帕玛西亚制药公司是全球制药行业公认的业界精英，在关节炎、抗生素、肿瘤、眼科等治疗领域处于国际领先地位。尽管建筑外观维护良好不需要太大改动，但室内却需要彻底改造为现代化办公环境，既要满足先进科技的需要还要反映帕玛西亚制药公司的企业文化。整个室内75%的空间分配给专用办公间，安设在室内中心位置，这样，空出来的四围空间便可用作人流通道，而且还可以保证光线通透。公司积极鼓励岗位培训和相互交往，因此添设了最新式的会议中心和培训中心，包括大量电视会议室、培训室以及相互贯通的休息区。同时，设计还精心安排了员工的生活设施，如餐厅、餐具室、健身中心和内部商店等。帕玛西亚制药公司的空间改造不仅顺应时代需要而且经得住时间的考验。

Hillier

Turkiye Is Bankasi A.S.
Istanbul, Turkey

土耳其银行
土耳其，伊斯坦布尔

下图：董事会议室
下图：经理接待厅
右图：银行大厅
摄影：Paul Warchol

　　尽管土耳其银行由当代土耳其之父凯末尔（Kemal Ataturk）创立于奥斯曼帝国末年，但是希勒集团公司为银行设计的新办公总部则风格现代，设计精巧，回避银行辉煌的历史背景及民族色彩。银行新办公总部的设立完成了银行从首都安卡拉向国家商业中心的迁移。当然，无论在银行大厅、办公区、交易厅、内设800席位的剧院，还是餐厅及展馆，无一不反映着设计重"前瞻"，而非"后顾"。明智的选择，精心的设计，让人印象深刻。

HLW International LLP
HLW 国际公司

115 Fifth Avenue
New York
New York 10003
212.353.4600
212.353.4666 (Fax)
www.hlw.com
sbartzke@hlw.com

HLW International LLP

Agency.com
New York, New York

Agency.com
纽约州,纽约

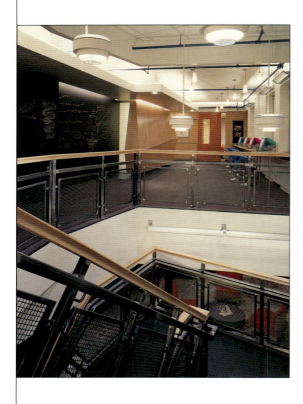

无论对新经济产业还是旧经济产业来说,赢取客户关注都是一个挑战。Agency.com是世界上最大最出色的互联网广告代理公司,帮助客户迅速攫取浏览者的视线。公司事业蒸蒸日上,结果给纽约办公机构制造了一个难题,这个问题在商界非常普遍,那就是怎样在这个156000平方英尺(约14500m²)的空间内安置好日益增多的员工,同时既保证工作团队的主体又维护个体的活动与个性?HLW国际公司为其设计的这个多功能开放式布局空间,在室内插入许多邻里中心,邻里中心靠近每一个工作团队,设有图书室、集思室和其他辅助功能设施。所有这些邻里中心由室内一条主通道连通,充当每个工作区的中心,表达各个工作区独特的团队文化。此外,整体平面布局也是相当灵活。全部7层的开放式布局办公区、专用办公室、会议设施、食堂和游乐室为公司员工营造了一个舒适宜人的工作环境。在这种工作环境中,客户的市场份额还会不随之攀升吗?

左上图:团队工作室
右上图:接待区,内设一面墙用作荣誉展示
左图:室内楼梯及旁边的会议室
对面页图:静思斋
摄影:Christopher Lovi

HLW International LLP

Bernard Hodes
Venice, California

伯纳德·贺德广告代理公司
加利福尼亚州，威尼斯

左图：总体办公空间
左下图：主通道
对面页图：天窗区
摄影：Benny Chan

在地下空间工作就意味着无窗的工作环境。任何设计者在完成地下办公设施的同时都需要引入自然光源及模拟自然光源。这便是HLM国际公司受聘为伯纳德·贺德广告代理公司（Bernard Hodes）设计其位于加州威尼斯市一整层13600平方英尺（约1263m²）的办公场所时所面临的局面。这座建筑原为弗兰克·盖里为另外一家广告代理公司设计的著名的"双目大厦"，设计当然非同于一般的商务建筑。但是，室内只有两端上空开有天窗，因此整个室内中心区域全然陷入黑暗之中。HLM在此将整个室内围裹在鲜亮、饱和度高的色彩氛围里和整洁现代的设施中，另外还采用各种各样的照明设计，拱腹、吊灯等各式灯具照射出直接和间接光源，将整个天花板装饰得明亮一片。尽管伯纳德·贺德广告代理公司全体员工在地下办公空间工作，可是有了这样的空间设计他们大可不必这么认为。

HLW International LLP

Fox Executive Building
Los Angeles, California

福克斯行政大楼
加利福尼亚州，洛杉矶

娱乐产业搭搭拆拆的并非只是设备器械这些有形资产。电视片和电影制作组也经常是一有需要便招兵买马聚揽资源，而一但完成合同马上就地解散。所以，电视台和电影制片厂总是希望行政部门的办公空间既功能实用，又能在成本上节约经济。福克斯公司行政大楼位于洛杉矶，共 195000 平方英尺（约 18120m²），HLM 最终完成的设计俨然成为同类建筑室内设计的典范。对设计师而言，为一个空间紧缺的业主服务意味着一个进行超越室内本身设计的机遇。同时，业主还要求设计师完成福克斯制片厂、办公空间与办公大楼的整体规划以及景观设计和平面设计。由于 HLM 国际公司对此设计的密切投入，最终的设计十分成功，办公空间由一系列线状布局的套房组成，另外还设有接待区、会议中心和大屏幕室等辅助设施，既考虑到功能使用又渗透着美学关照，别具一格的设计甚至在娱乐行业也绝无仅有。

左图：主厅
左下图：候客区
右下图：董事会议室
对面页图：入口立面处的楼梯
下图：福克斯制片厂室内用作标识性设计的超大图片

超大图片设计：Dauglas Slone
摄影：Milroy & McAleer

HLW International LLP

Accenture Seoul, Korea
Accenture 韩国，汉城

左上图：餐厅
右上图：接待区
左图：从电梯厅处看向室内
摄影：Tae – Ho Jung

　　商人们急于将产品销往国外的跨国界商务活动促进了经济的全球化。同制造业一样，美国的金融、娱乐、管理咨询企业在海外同样颇受欢迎。Accenture（原安德森顾问咨询公司）全新的35000平方英尺（约3251m²）的办公机构便是适应这一全球化趋势的匠心之作。开放式布局的团队工作区、围合式合作工作间、培训室、休息室、活动中心、专用办公间以及食堂等设施全都采用预约管理制，不为员工指定具体的使用空间，这种体制在整个韩国还前所未闻。来访者到了这里能够很快适应下来。风格现代的办公室内，不仅有典雅舒适的设施，还有充足的自然光，帮助他们在全球化的进程中探询方向。

Hnedak Bobo Group
内达波波设计集团

104 South Front
Memphis
Tennessee 38103
901.525.2557
901.525.2570 (Fax)
www.hbginc.com

3960 Howard Hughes Parkway
Suite 460
Las Vegas
Nevada 89109
702.948.2557
702.948.2558 (Fax)

Hnedak Bobo Group
普罗姆酒店公司销售服务中心
佛罗里达州，坦帕
Promus Hotel Corporation Marketing Services Center
Tampa, Florida

干劲十足与悠闲舒适在什么地方才能融洽相处？可能会是电话服务中心。电话服务中心为电话销售员保证最佳通话状态。内达波波设计集团为普罗姆酒店公司在佛罗里达的坦帕设计了一处 24000 平方英尺（约 2230m²）的销售服务中心，供 180 名员工使用。服务中心内一个现代化的话务中心在设计上堪称典范。在这个全天候的话务中心内，设有行政办公总区、话务区、休息室、培训设施和图书室，为员工轻松度过工作时间和规定休息时间提供了良好的环境。富有创意性的设计理念无处不在，例如开放式布局的工作空间内，起伏不平的墙体上溅洒着充满活力的主色；高高的开间内，内凹式吊顶在不同方向上呈现出不同的斜度，增强了开阔感和音质效果；结构体系不加遮饰完全暴露在外，成为室内的基本视觉元素。毫无疑问，这里才是你每天乐在其中的办公空间。

顶图：休息室
上图：接待区
左图：话务中心室内
右图：走道及近旁的工作区
摄影：Jeffrey Jacobs

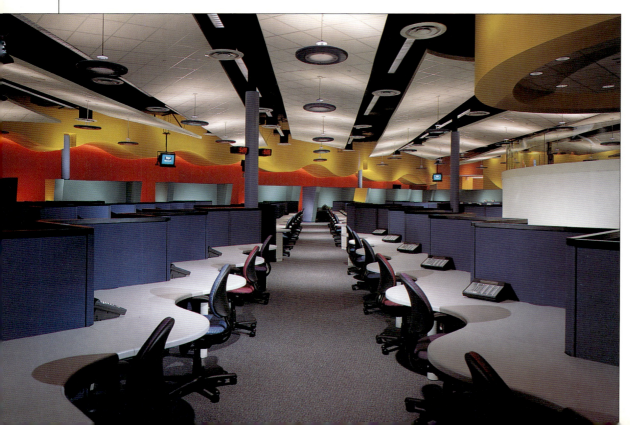

Hnedak Bobo Group

Union Planters Bank Headquarters
Memphis, Tennessee

Union Planters 银行总部
田纳西州，孟菲斯

上图：出纳工作区
左图：客户服务区与候客厅
下图：行政会议室
对面页图：入口门厅
摄影：Jeffrey Jacobs

21世纪的曙光丝毫没有改变南部的传统风貌。因此，内达波波设计集团在田纳西州的孟菲斯市为Union Planters银行设计的83000平方英尺（约7710m²）的5层办公总部时，不仅采用最新型的银行业科技，而且着重强调永恒感、坚实感和传统风貌。这个获奖方案的设计包括行政办公总区、经理办公室、会议室和客户服务中心，整个工作环境给170名银行员工和客户留下了深刻的印象，让人在这个世纪之交的美国南部银行机构中不由得联想起新古典主义和希腊复兴式建筑风格。谈到这个让人大开眼界的设计时，银行前任总裁肯·普朗克说，"我们只是让设计师按照他们自己设想的银行来设计。"

Hnedak Bobo Group

iXL Corporate Offices
Memphis, Tennessee
iXL 公司办公总部
田纳西州，孟菲斯

准备好走进互联网。尽管我们也许永远无法拥有我们曾在网页上动画模拟过的生活空间，但是内达波波设计集团为iXL公司设计的位于田纳西州孟菲斯市的 25000 平方英尺（约 2322m²）的办公总部却让人欣慰地看到梦想与现实的距离不再遥远。各个办公间如同网络设计师设计出的相互链接的网站一般。事实上，四个独立部门分别拥有各自的交互式工作空间，鼓励创新，提高效率。从而，从经理办公区、行政办公总区、展示间、计算机程序部、接待区到客人可接通手提电脑的"登陆区"，每一处空间都配备精良，以供频繁的交互式使用。为了赋予总体上开放布局的室内鲜明的特色，设计中还采用了独具匠心的点缀，例如弧墙选用蓝色、红色、紫色和黄色多种色彩，反差强烈，此外还有软木地板、亚光钢板、"野牛毛"地毯和暴露在外的线路设备。准备好了吗？来，让我们一同走进网络空间。

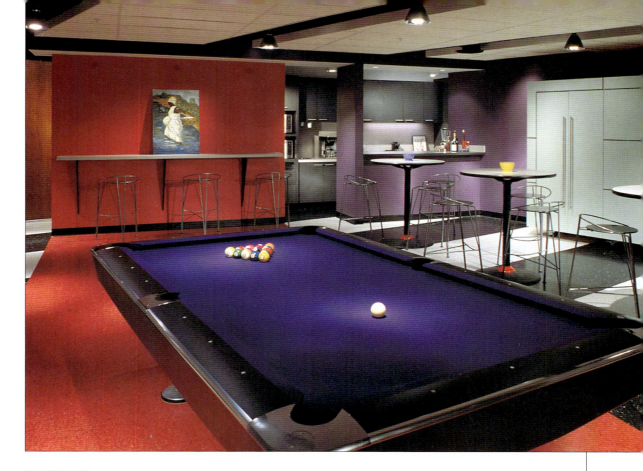

对面页，上图：设有亭间的大堂
对面页，下图：从门厅看向会议室
上图：休息室及台球
右图：工作区
右底图：编辑专用办公室

Hnedak Bobo Group

Andersen Regional Offices
Memphis, Tennessee

安德森管理咨询公司地区总部
田纳西州，孟菲斯

规则有时意味着服从。安德森顾问公司聘请内达波波设计集团设计公司的南方办公总部，并且为了迎合当地客户，要求将公司华丽现代的办公机构设计标准融入更为庄重的传统风格之中。处于对规则的遵从，内达波波设计集团采用现存的标准设计风格，但同时对历史与传统也重新诠释。这是一处供120名员工使用的一层半共30000平方英尺（约2790m²）的办公场所，设计师在设计中将简约风格的玻璃和抛光大理石地板等材料与多数会计事务所和咨询公司惯用的、洋溢着传统感的昂贵木材交织在一起。客户也并非是设计的惟一关注。这处采用玻璃隔断和开放式布局的工作空间正是体现了设计者对公司员工的深切关心。

右图：通向办公区的走道
右下图：专用办公区的玻璃隔断
右底图：大厅
左下图：电梯厅
摄影：Jeffrey Jacobs

Huntsman Architectural Group

亨兹曼建筑设计集团

50 California Street
Suite 700
San Francisco
California 94111
415.394.1212
415.394.1222 (Fax)
www.huntsmanag.com

Huntsman Architectural Group

Scudder Weisel Capital
San Francisco, California

斯卡德·威瑟资本投资公司
加利福尼亚州，旧金山

斯卡德·威瑟资本投资公司是那些成功的传统投资机构中较为年轻新潮的一派。公司希望办公空间的设计让客户及员工体会到永恒感与信赖感。因此，亨兹曼建筑设计集团在设计这个 8100 平方英尺（约 752m²）供 37 人使用的旧金山办公总部时，总体上采用开放的交互式大平面布局。一边是玻璃外观的专用办公间，另一边是露台与风景，整体呈现经典的现代美感。并且其内部家具十分精致，由密斯·凡·德·罗、查尔斯和雷·意马斯等大师精心设计。室内各种各样的设施，无论是接待区、多媒体会议室、经理办公室、专用办公室、开放布局工作区、会议室还是其他辅助办公设施，无一不在精心的设计中充分关照客户与员工，营造了一处舒适宜人的工作环境，而且每个人都能充分领略户外城市中美丽的海湾风光。

左上图：圆形多媒体会议室
右上图：经理办公室
左图：专用办公间
对面页图：接待区
摄影：David Wakely Photography

Huntsman Architectural Group

Actuate Corporation
South San Francisco, California
Actuate 公司
加利福尼亚州，南旧金山

左上图：会议室
右上图：接待区，后面是会议室
右图：办公总区
摄影：David Wakely Photography

生活本身就意味着风险。因此，Actuate公司作为一家创立8年的精算软件开发商，自然希望公司120000平方英尺（约11150m²）的4层南旧金山办公机构能让客户和650名员工感到坚实可靠而又不乏创新。鉴于此，亨兹曼建筑设计集团在设计专用办公间、开放式布局工作区、会议中心、培训中心、员工休息区及网络服务等各种设施时，融入了一种亚洲主题的现代设计理念。此外，为了鼓励员工之间的交往合作，在典型的开放式大平面布局周围环绕了一条街道式人流通道。设计师还特意设计了灯杆，将电流和数字信息从天花板引向各个办公台。休闲的咖啡区和会谈区活跃了办公空间的氛围，员工们极有可能乐于在此小聚轻谈。

Huntsman Architectural Group Sofinnova Ventures San Francisco, California
苏芬诺瓦风险投资公司
加利福尼亚州，旧金山

一个风险投资公司能够被安置在加利福尼亚州旧金山的一个工业仓库里吗？没问题！风险投资公司在信息时代大行其道，在为新公司聚揽资金和筹措原始股发行等事宜中功不可没，并且在网络商务到来之前的高科产业的孕育培养方面发挥着不可替代的作用。因此，通过这些风险投资公司可以反映他们曾为之效劳的年轻企业的文化特征。这些企业往往心仪硅谷，将其视为理想创业基地，从而也衍生出创业的后果：车库。当苏芬诺瓦风险投资公司聘请亨兹曼建筑设计集团为其设计一处供8名员工使用的4400平方英尺（约408m²）的办公机构时，自然想到了这些车库。最后选定的地址位于一幢翻修一新的砖混陶土建筑的顶层，层高近20英尺（约6m），可以居高临下举目四望城市全景。

上图：会议室
右图：专用办公间
对面页图：接待空间
摄影：David Wakely Photography

尽管项目要求多种专用办公间和围合空间,可是出于对车库建筑原貌的充分尊重,业主和设计师一致认为需要保证空间尽可能地开敞和自然采光。为了同时实现这两个看似相互矛盾的要求,设计师利用聚碳酸酯板良好的透明度和强度,将聚碳酸酯板框在型钢原材内,用作隔断来围合室内空间。这样,办公间顶高的隔墙使整个办公空间看起来像一个澄澈透明的水晶盒子。在这个晶莹透亮的空间,客人们喜欢走进会议室,然后畅然领略窗外旧金山的秀美景致,俨然成为"车库"中的骄子。

上图:专用办公间
右图:开放式布局工作区

IA, Interior Architects Inc.
IA 室内设计师公司

350 California Street
Suite 1500
San Francisco
California 94104
415.434.3305
415.434.0330 (Fax)
www.ia-global.com
corp.contact@ia-global.com

Atlanta
Boston
Chicago
Costa Mesa
Dallas
Denver
Ft. Lauderdale
Hong Kong
London
Los Angeles
Miami
New Jersey
New York
Philadelphia
Seattle
Silicon Valley
Washington, DC

IA, Interior Architects Inc.

TiVo
San Jose, California
TiVo 公司
加利福尼亚州，圣何塞

是否曾为你的盒式磁带录像机而烦恼？TiVo公司总部设在加利福尼亚州的圣何塞市，提供"个人电视业务"，支持数字录像机，并且可以与其他任何电视系统兼容，无论是有线、数字有线、卫星、天线还是几种系统的综合，无一不可，从而使观众实现对正在播放节目的完全控制。复杂的"智慧型"软件能够自动搜寻录制你最喜爱的节目，便于在需要时观看。TiVo公司声称产品"操作简单，家里每个人都会使用"，因此"大家常常能看到各自喜爱的节目。"数据表明：96%的TiVo用户会向别人推荐此产品。公司在聘请IA室内设计师公司为其设计办公总部时提出的设计要求是符合公司轻松活跃、超前远见的文化特征。办公总部包括办公设施、辅助办公设施及数据管理中心，设在两幢大楼内4层共127000平方英尺（约11800m²）的空间内。

左图：办公总区
上图：接待区内的候客区
对面页图：接待区及室内醒目的"蒙蒂斯"座席
摄影：Beatriz Coll, San Francisco

下图："市镇中心"
右图：主通道及编辑室入口

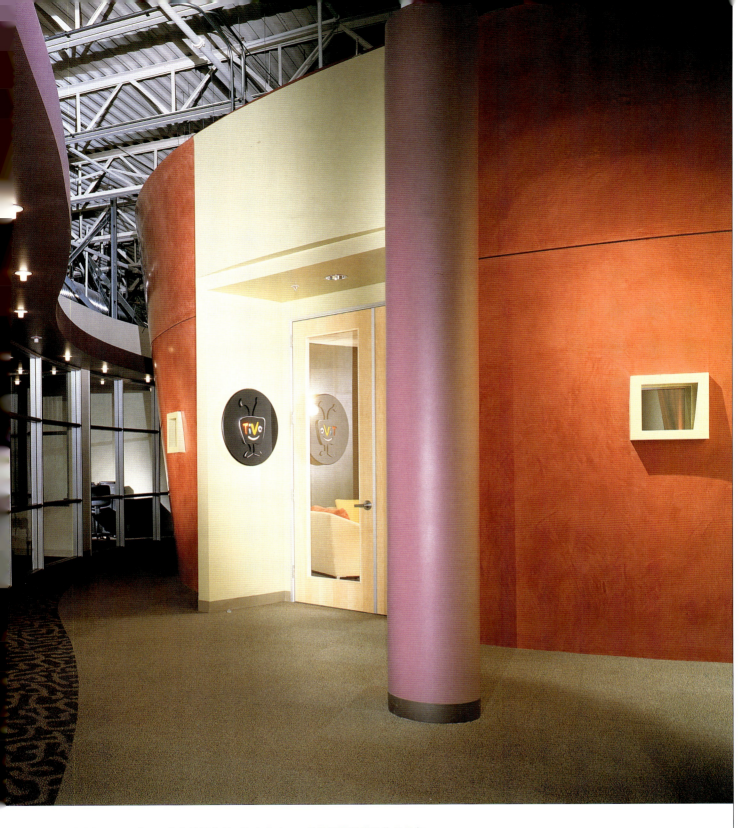

IA的方案组同TiVo公司密切协作,构思出一个"好莱坞式卡通城"设计方案,利用公司服务于住宅用户的核心经营,在整个空间内发展了许多相称的设计元素,如电视雕塑、主厅内的互动式隔间,家居风格的"客厅"用于向客户展示产品。这个室内设施还体现了高科技的卓著功效,重点强调沿主通道而设的编辑室。另外,室内互动式家居风格的工作环境也造就了公司的经营氛围,特意安设一个被称作"市镇中心"的聚会区,鼓励员工相互沟通,并且每周举行全体员工午餐会议。有什么比看到IA室内设计师公司仅用了20周便火速完工更让人欣慰呢?真可谓锦上添花。

IA, Interior Architects Inc.

BMC Software
San Jose, California
BMC 软件公司
加利福尼亚州，圣何塞

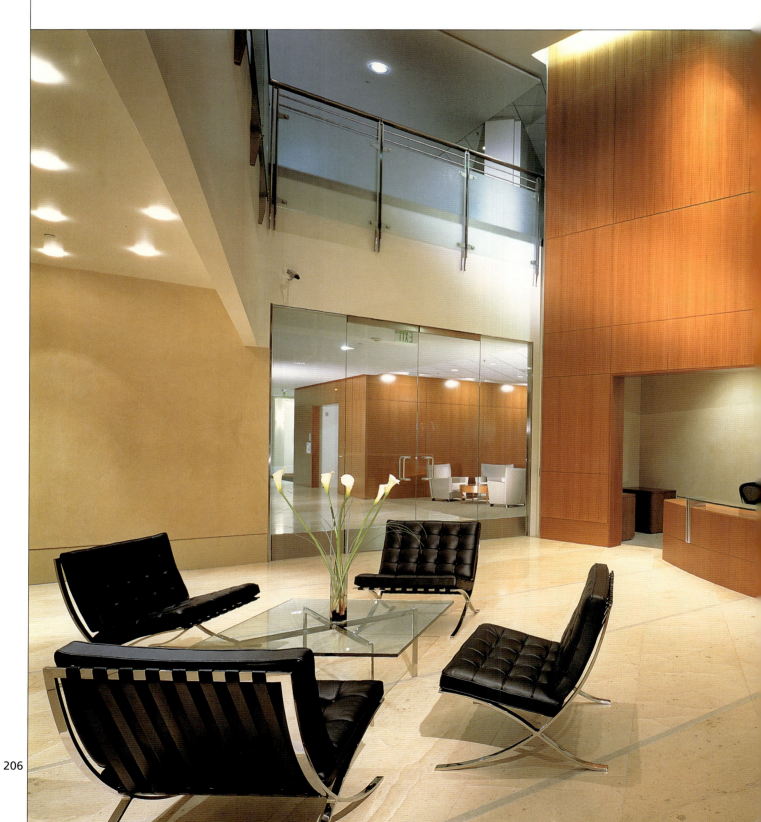

BMC 软件公司，总部设在休斯敦，是世界上最大的独立软件供应商之一，2000财政年度总收入超过17亿美元。公司发布了名为"服务保证"的综合性电子商务系统管理软件，致力于提高软件应用的可行性、工作性能和复原能力。IA室内设计师公司为BMC软件公司设计了位于圣何塞诺威尔园区内2幢共220000平方英尺（约20440m²）的办公机构，一旦客户亲临公司，对公司的业务能力就再也不会有所疑虑。办公室内为软件工程师及其他员工设置了专用办公间、员工休息/聚会区、会议室、各类计算机实验室、数据处理中心、经理发布中心和培训中心等设施，充分展示了一家思路清晰的高科技公司典范的现代风格。室内的灵魂是主展示区，堪称"业绩中心"。

左图：接待区
上图：成果展示中心
摄影：Beatriz Coll, San Francisco

在此，客户可以在"经理发布中心"浏览各种产品和业务展示，在"神经中心"观看产品实际操作演示，还可以到"客户实验室"去检测产品性能。身处BMC软件公司办公空间，或到提供个人培训的培训中心，每个客户都会感受到切切实实的"服务保证"。

上图：员工休息区
右图：神经中心

Interprise
Interprise 设计公司

13727 Noel Road
Suite 200
Dallas
Texas 75240
972.385.3991
972.960.2519 (Fax)
www.interprisedesign.com

Interprise Accenture (Formerly Andersen Consulting) Irving, Texas

Accenture（原安德森顾问公司）
得克萨斯州，欧文

许多家庭带着旧家具搬入新宅，而这种情况在商业机构中并不多见。安德森顾问公司请Interprise设计公司负责公司位于欧文市拉斯科林那区的60000平方英尺（约5574m²）的三层办公楼设计，要求在这处安置235名员工的空间内实现两个目标。其一，要求环境能够体现管理顾问的稳定感和深度阅历；其二，利用现有的家具设施营造新的办公环境。方案要求室内设施包括专用办公间、开放式布局工作区、会议及培训设施、电视会议室和餐厅。通过色彩、形式和细部的巧妙设计，每一样设施都显得十分和谐，新与旧亲密无间地共处。因此，员工与来客看到的空间清新自然，从上到下浑然一体。

上图：接待区与主会议室
右图：接待区旁的走道
摄影：Jon Miller / Hedrich Blessing

Interprise   BDO Seidman Dallas, Texas

**BDO 赛得曼会计师事务所
得克萨斯州，达拉斯**

谁说开放式布局办公空间已经气数已尽？在开放式布局产生约 25 年之后，硅谷又盛行起封闭式的专用办公空间。然而，密集的人员安排、机械设备灵活，便于统一订做等优势依然是开放式布局的制胜法宝。Interprise 设计公司为 BDO 赛得曼会计师事务所设计的 3 万平方英尺（约 2787m²）的办公空间便是典范。设计既要考虑到业主迅速的增员，又要关照到各部门员工之间的相互沟通。BDO 赛得曼会计师事务所意图通过搬迁新址这个契机，实现公司在空间和文化上焕然一新。原来 95% 的员工使用专用办公间，剩下的 5% 使用开放式布局的办公区；现在包括经理层在内的 99% 的员工都安置在开放式布局的办公总区，严阵以待面对新世纪的挑战。

右图：接待区
左下图：开放式布局工作区
右下图：接待前台
摄影：Jon Miller / Hedrich Blessing

Interprise   Cox Communications
New Orleans, Louisiana
考克斯电信公司
路易斯安那州，新奥尔良

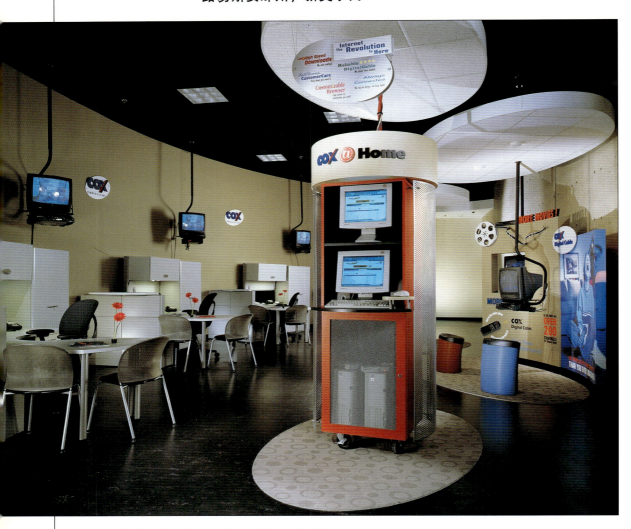

最简单基础的电话、电视或互联网业务几乎全部消失了，而电信和媒体业的弄潮儿则争先恐后地组织联盟来搭配兜售新产品。考虑到这种新经济机遇，考克斯电信公司聘请Interprise设计公司为其勾画一个客户交费服务中心的新概念，用于激励客户了解公司主要业务及网络途径。这个位于新奥尔良的3000平方英尺（约279m^2）形象主店的设立旨在引导客户进入这个遍布网络互动亭间的空间，亭间内是各种展架和主题产品，向客户展示最新的市场动态和公司的新产品新业务。除了用于展示新品之外，这里还可以方便顾客提供交纳话费服务。无论从哪一方面来看，这里都可能成为最贴近你生活的空间。

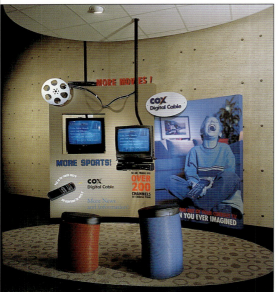

上图：主店概念
左图：网络互动亭间的细部
摄影：Paul Schiefer

Interprise

Heidrick & Struggles
Dallas, Texas
海德里克和斯特拉格公司
得克萨斯州，达拉斯

招聘：管理人才。经济繁荣相应引发了对管理人才的急需，同时也抬升了像海德里克和斯特拉格这样的管理人才配置公司的价值。因此，海德里克和斯特拉格公司在聘请Interprise设计公司负责设计13000平方英尺（约1207m²）的达拉斯办公机构时，要求为潜在的求聘者提供一个舒适的宾至如归的环境。整个室内风格传统，采用耐久、奢华的材料如石材、硬木和地毯，与之相辅相成的是高贵现代的细部处理和典雅的古典式家具。空间处理从容大气，即使连不可避免的狭小的接待区看起来都毫不逊色。

右图：走道
下图：接待区
摄影：Jon Miller / Hedrich Blessing

Interprise

Legend Airlines
Dallas, Texas
**传奇航空公司
得克萨斯州，达拉斯**

撤销对航空行业的管制也许无法改善座位狭窄、航班取消以及出发时间推迟等种种现状。因此众多航空公司纷纷表示要以服务取胜，传奇航空公司也是其中一家。该公司新近委任 Interprise 设计公司同建筑师携手合作设计其 37000 平方英尺（约 3437m²）的达拉斯机场大厅。由于传奇航空公司为所有乘客提供高档服务，因此室内环境品位高雅，包括票务中心、行李中心、安检、候机大厅、机场大门和卫生间等设施都体现了这一显著特色，同时通过标识、品牌和制服的辅助装饰进一步强化高品质的服务。在这样的环境中，乘客在登记之前就早早地享受到了传奇航空公司的服务。苦不堪言的乘客们认为，早该享受到这样的服务了。

上图：机场大厅内
右图：公司标志用作室内装饰
摄影：Paul Schiefer

Interprise   McCann-Erickson
Dallas, Texas
麦肯－埃里克森国际广告代理公司
得克萨斯州，达拉斯

任何年轻人都知道，"酷"未必花钱可以买得到。另外，即使是位居媒体前沿的广告代理公司也谨慎行事，生怕把客户落下太远。麦肯－埃里克森国际广告代理公司在聘请Interprise设计公司负责公司达拉斯办公机构的空间设计时，要求体现其先锋前卫的特色，但只是选择部分设施作为试点。比如在进行接待区、会议室、休息区、设计部办公区和餐厅的改造时，采用了一些时尚的建筑材料，如瓦楞金属板、纤维玻璃、暴露的木立柱、彩色水泥地板、工业化金属器具和灯具以及极具个性化的现代家具。前卫风格在设计中得以突现。

上图：会议室入口
右图：接待区
摄影：Paul Schiefer

Interprise

NCSC
Dallas, Texas
全国客户服务中心（NCSC）
得克萨斯州，达拉斯

右图：入口
下图：客户服务中心操作间
摄影：Jon Mitlerl Hedrich Blesring

"800"电话服务热线在哪里？在电话服务中心，对于客户及20世纪90年代以来各个领域内激增的客户服务代表们而言，这是一条生命线。Interprise设计公司设计的37000平方英尺（约3437m²）的达拉斯全国客户服务中心堪称匠心之作。原来的超级市场被改造为这家拥有300名员工的首屈一指的北美无线信息服务中心的办公场所；Interprise设计公司采用开放式布局，环绕中心人流通道，调度中心位于室内突出地位。色彩丰富的建筑形式及新添置的建筑系统，将整个室内烘托得焕然一新，风格独具。还是请业主亲自来看一下吧！

JPC Architects
JPC 建筑师事务所

13201 Bel-Red Road
Bellevue
Washington 98005
425.641.9200
425.637.8200 (Fax)
www.jpcarchitects.com

JPC Architects F5 Networks
Seattle, Washington
F5 网络公司
华盛顿州，西雅图

上图："沟通楼梯"贯穿上下3层空间
左图：4楼接待区内的座席
下图：从4楼看向开敞的会谈区
对面页图：4楼接待区
摄影：Fred House

美国公司吸引保留人才的法宝之一就是优越的办公环境。请看JPC建筑师事务所为F5网络公司设计的全新的87286平方英尺（约8110m²）4层西雅图办公场所。作为一家始创于1996年的网管公司和创业先锋，F5网络公司现在拥有500多名员工，为2500多位用户提供全方位的服务，致力于提高网管服务器工作性能并完善防火墙、分流及储藏等网络设备。为了安置公司日益增多的员工，设计师采用暴露的天花板、铝框枫木板的门、现代的和复古的家具设施并且充分利用室外美丽的海湾风光，营造了一处多姿多彩的高科技空间。在这些高科技精英们看来，接待区的灵感来自于网络光缆的相互交结。

JPC Architects

Sirach Capital Management, Inc.
Seattle, Washington

赛拉奇资金管理公司
华盛顿州，西雅图

总部设在西雅图的赛拉奇资金管理公司声称，"我们要努力为客户提供一流的投资管理服务环境"。赛拉奇资金管理公司从1970年开始就已致力于为企业和个人提供资金管理服务。这是一家充满活力的专业投资公司，指导客户投资增长形证券以及固定投资级别的收入形证券，对此公司引以为豪。公司与设计师通力合作，营造了这处17022平方英尺（约1581m²）的办公空间，将客户亲切地迎入交易大厅、会议室、高净值套房和其他设施。这个设计既反映了北部旖旎的自然风光，又体现了国际商务中心的地区优势。赛拉奇资金管理公司的主旨是"合理的投资理念、不断探索、经验丰富、原则性强、富有远见。"新的办公空间正是公司谆谆信条的明鉴。

上图：会议室及室内专门定做的会议桌
右图：接待区及钢板瀑布
右上图：从电梯厅处看向接待区
摄影：Michael Hewes

JPC Architects   Immersant, Inc.
Seattle, Washington

因默生公司
华盛顿州，西雅图

下图：看向主会议室室内
底图：专用办公间
摄影：Douglas J. Scott

一个致力于网页开发维护的网络咨询和开发公司可以被安置在一座古老原木结构的水边建筑阁楼上吗？在JPC建筑师事务所的帮助下，因默生公司（原Bowne网络公司）入住西雅图市哥伦比亚大街61号。在有限的预算范围内，设计公司利用技术性企业的经营性质以及建筑自身的活跃特征，暴露出原建筑中的供暖、通风、电缆和照明设备。原建筑中的原木柱梁也成为如今室内的建筑元素，而且设计师还将石板、清水墙和一些简洁实用的家具设计完美融合。结果，这处可以容纳158名员工35000平方英尺（约3252m²）的2层空间顿时焕发出勃勃生机，完全符合高精技术行业的特色，并且在新与旧的诙谐交融中体现了一种功能的美感。

下图：接待区

JPC Architects

巴克雷·迪恩工程服务公司
华盛顿州，贝利佛

Barclay Dean Construction Services
Bellevue, Washington

右图：接待区内采用别具特色的木吊顶、不锈钢板和大理石地面

下图：会议室及大屏幕墙一角，强调钢材、木吊顶、石灰石和地毯

摄影：Jeff Beck

一家建筑施工公司是怎样为自己做嫁衣的呢？巴克雷·迪恩工程服务公司于1949年在华盛顿州创建，到1990年发展成为一家总承包公司，为了向西雅图的客户们展现公司的精湛技艺，公司聘请JPC建筑师设计一处11879平方英尺（约1100m²）的新办公场所，展示公司的建筑材料和施工技术，证实公司在大型零售设施、库房、办公大楼、宾馆、租赁改建等工程项目方面的强大实力。最终的设计充分展现了从实用型到高科技型等各种空间类型。金属板、纤维板、玻璃、木材及其他建筑材料搭配和谐，共同装点了室内各处设施，接待区、会议室、专用办公间和餐厅。

Kallmann McKinnell & Wood Architects, Inc.

考曼，麦金内尔和伍德建筑师公司

939 Boylston Street
Boston
Massachusetts 02115
617.267.0808
617.267.6999 (Fax)
www.kmwarch.com
info@kmwarch.com

Kallmann McKinnell & Wood Architects, Inc.

Arrow International, Inc. Reading, Pennsylvania

箭牌国际公司
宾夕法尼亚州，瑞丁

工厂与办公楼可以合二为一吗？在工业社会早期，二者就已经开始融合，可是早期的办公楼通常只是工厂建筑的增建部分，直到后来销售的地位凌驾于生产之上时，情况才有所改观。工厂办公建筑风行一时，其中不乏设计佳作，其中考曼、麦金内尔和伍德建筑师公司为箭牌国际公司设计的宾夕法尼亚瑞丁办公总部便是一典范。这处空间设计独特，可容纳250名员工，室内设施包括接待区、专用办公间、图书室、研发实验室、培训中心、食堂和健身中心等，此外还有一个占地125英亩（约50公项）的侧厅，用于安放产品和设备。满足各种功能设施需要不同的建筑方案，所以设计师将整个平面布局规划为一系列的平行带，将生产加工区和实验室顶高设计，而办公总区内空间被分为三层，呈优美弧度，俯视一片郁郁葱葱的小树林。室内独特的"街道式"走道设计引导人们通向室内各处设施，成功地将工厂办公建筑的传统引入21世纪。

左上图：办公区外观
右上图：餐厅
右图：餐厅餐具上菜台
对面页图：三层高的中庭及悬置结构的办公区
摄影：Steve Rosenthal

Kallmann McKinnell & Wood Architects, Inc.

贝克顿·狄金森公司
新泽西州，富兰克林湖

Becton Dickinson & Company
Franklin Lakes, New Jersey

试想如何在丝毫无损户外130英亩（约52.6公顷）茂密林景的前提下，为贝克顿·狄金森公司在新泽西州富兰克林湖设计一处350000平方英尺（约32515m^2）的公司总部和一处450000平方英尺（约41800m^2）的部门总部？考曼，麦金内尔和伍德建筑师公司完成的设计，不仅充分展示了这家著名的医疗器械和保健系统供应商的果断力度，而且显示出设计师在营造这处卓越的工作环境时对自然景观的充分关照。公司约有1500名员工，室内设施包括专用办公间、开放式布局工作区、实验室、图书室、报告厅、餐厅和健身中心。一号楼主要执行行政功能，二号楼设部门办公室和研发实验室。在这个设计中，传统风格让位于别具一格的设计，并荣获嘉奖。这两幢建筑景观规划精心别致，办公楼两翼各有两层和三层高的空间像手指一般轻触山地斜坡，在室内便可以充分领略户外的景致和阳光。一系列的中庭带给员工强烈的户外感受。这类规模的企业势必会给当地带来一些影响，但意义重大实为少有。

左图：大会议室
左上图：二号楼外观
右上图：专用办公间
右顶图：会议厅
对面页图：中庭
摄影：Steve Rosenthal

Kallmann McKinnell & Wood Architects, Inc.

尤因·卖隆·考夫曼基金会
密苏里州，堪萨斯城

Ewing Marion Kauffman Foundation
Kansas City, Missouri

下图：庭院和池塘
左底图："市镇广场"内的廊柱和纵向天窗
摄影：pobert Benson, Jeff Goldberg/Esto photographics

右底图：室内楼梯
对面页图："市镇广场"通向会议室的回廊入口

一场毁灭性的洪水之后，原来一处居民区的邻里中心被改造为密苏里州堪萨斯城市民生活中心——中西部享有盛名的慈善事业机构尤因·考夫曼基金会气势壮观的办公总部，考曼，麦金内尔和伍德建筑师公司负责总体规划和设计。设计师将 105000 平方英尺（约 9755m²）的办公空间与 32000 平方英尺（约 2970m²）的会议设施共同安置于一幢两层建筑内，建筑环绕一个两端开口的庭院和池塘，池塘恰恰位于这块 37 英亩（约 15 公顷）的地块的中心位置。这座建筑不仅没有忽略场所的历史，而且坚定地嵌入周围的景观之中，东面俯视小池塘，南面小溪潺潺流过，西面是一个纪念花园，东面是自然中心（后两个项目由其他设计公司完成）。考虑到慈善机构鼓励人际交往，敦促社区建设的职责，设计师将这处场所综合规划为街道、建筑以及"市镇广场"。

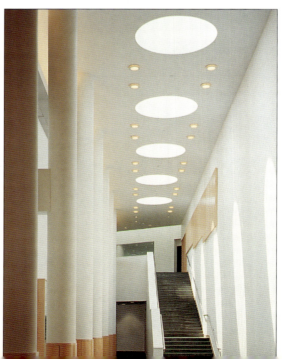

右上图：会议室内圆形座位设计
左上图：会议室内八角形座位设计
左顶图：会议室
左图：专用办公间
左下图：图书室

设计的象征意义通过各种建筑语汇传达出来，斜斜的铜色屋顶和砖结构让人联想到原来的邻里中心，同时这里还将成为公司制药经营的基地。在室内，人流通道从形式上暗示着小街或大道，细部别致的开放式工作区的隔断及储藏设施则呼应外立面和前厅大门，公共空间的尺度、降低、下沉（与夹在建筑中间的池塘呼应）与室内人流通道的交叉点共同营造出室外广场的融洽氛围。这里必然会洋溢着交往社区的繁荣景象。

Keiser Associates, Inc.
基瑟合伙人事务所

419 Park Avenue South
New York
New York 10016
212.213.4500
212.213.6623 (Fax)
info@keiserassociates.com

Keiser Associates, Inc.

A Financial Institution
New York, New York

某金融机构

纽约州，纽约

整个 20 世纪金融业界的办公空间设计通常都散发着浓重的历史感，主要借用 18 和 19 世纪英美教堂风格。由于在这种建筑内，那些灵感来自于安妮王后、奇彭代尔和联邦时代的家具、织物、地毯、照明及其他装饰，给人以传统、稳定以及精致的印象，也无怪乎人们对此情有独钟。应某些金融机构的需要，这种设计在 21 世纪依然延续，例如基瑟合伙人事务所为某家金融机构设计的曼哈顿办公机构。然而，这里也不乏现代意识。尤其在金融科技化之后，业主需要一个独立式会议中心，强调一个配备新型的可容纳 45 人的电视会议室。设计相当出色，接待区、功能前厅、食品加热间、经纪人电话区、家具安置及先进的电气设备使之成为传统与现代完美结合的佳作。

上图：接待区
对面页，左上图：客人卫生间
对面页，右上图：功能前区
对面页，下图：会议室
摄影：Max Hilaire

Keiser Associates, Inc.

**Morgan, Lewis & Bockius, LLP
Conference Center
New York, New York**
摩根、路易斯和伯丘斯律师事务所会议中心
纽约州，纽约

右图：会议室
左下图：接待区
右下图：办公辅助服务区
摄影：Max Hilaire

在美国，各大律师事务所都越来越重视信息科技装备的会议中心。对摩根、路易斯和伯丘斯律师事务所而言，纽约新的办公场所尤其需要这样一个会议中心，能够提供各种类型的会议室，满足事务所100多名员工的不同需要，同时提供计算机、打印机、传真机、复印机等办公辅助设备。基瑟合伙人事务所受聘负责办公空间内会议中心的设计。由于并不是所有办公人员都要参与主要谈判和最终裁决，因此设计师将会议中心从原有办公总区隔离出来，既避免了对日常工作的干扰，又便于紧急关头的应急处理。

Keiser Associates, Inc.

Jenkins & Gilchrist Parker Chapin, LLP
New York, New York

詹金斯和吉克瑞斯特·帕克·查宾事务所
纽约州，纽约

在那短短的美妙瞬间，威廉·范·爱伦设计的克莱斯勒大厦（Chrysler Building）曾以其1046英尺（约314m）的高度称雄世界摩天大厦，俯瞰曼哈顿市中心。尽管在此之后陆陆续续有许多摩天大厦超越这个高度，但是很少能同爱伦美妙动人的装饰派艺术风格相比拟。像其他建于国际风格胜利之前的摩天大厦一样，克莱斯勒大厦外形醒目，无论是基部、电梯井、柱顶还是尖顶的设计都是前无古人，后无来者。难怪当詹金斯和吉克瑞斯特·帕克·查宾事务所邀请基瑟合伙人事务所为其设计位于克莱斯勒大厦内的110000平方英尺（约10220m²）的办公场所时，设计师建议在室内设计中延续建筑的装饰派艺术风格，但又绝非简单的

上图：电梯厅
右图：候客区
对面页图：接待区
摄影：Peter Paige

因袭仿造。设计师赋予室内专用办公间、行政辅助办公区和图书室、会议中心和餐厅等设施一派现代形象，在充分关照建筑杰作设计的同时表达了对未来的展望。整个三层空间配备新型，将现代建筑的机械和电气设备融入这座拥有70年历史的古老建筑之中，而且丝毫无损原建筑的风采。身处这样一个设计精巧的办公空间，詹金斯和吉克瑞斯特·帕克·查宾事务所有充足的信心认为自己的事业已位于世界前列。

上图：室内楼梯
左图：餐厅/会议室

Leotta Designers Inc.

雷奥塔设计师公司

601 Brickell Key Drive
Suite 602
Miami
Florida 33131
305.371.4949
305.371.2844 (Fax)
www.leottadesigners.com
johnke@leottadesigners.com

Leotta Designers Inc.

Walt Disney Television International-Latin America
Coral Gables, Florida

沃尔特·迪斯尼电视公司国际－拉美部
佛罗里达州，科罗盖堡

作为世界上最为杰出的娱乐公司，沃尔特·迪斯尼公司既知道怎样迎合时代需要，也知道怎样去赢利。公司各种精湛技能在这处佛罗里达科罗盖堡办公总部和后期制作工作室处处都有体现。办公总部供沃尔特·迪斯尼电视公司国际－拉美部 100 多名员工使用，两层共 28840 平方英尺（约 2680m²），由雷奥塔设计师公司承担设计任务。此项目的主要挑战在于一个内部媒体制作设施，以及在室内开放式布局工作区、培训会议室、设计工作室和餐厅等场所所有精确严格的声控要求。最终的设计将后期制作工作室安置于室内中心区域，周围是几个"角落村庄"，村庄内设有各种功能空间。然而让人眼前一亮的，还是室内造价低廉却显得轻快活泼的清水墙以及照明设计和色彩布局，所有这些都更加体现了沃尔特·迪斯尼公司创造神奇世界的天赋。

顶图：办公总区
上图：接待区
左图：会议室
对面页图：主门厅
摄影：Nancy Robinson Watson

Leotta Designers Inc.

American Airlines Flagship Lounge Miami, Florida
美国航空公司豪华候机室
佛罗里达州，迈阿密

美国航空公司不懈努力改善头等舱乘客服务品质，由雷奥塔设计师公司设计完成的迈阿密国际机场美国航空公司豪华候机室，占地3400平方英尺（约316m^2），为贵宾提供更为舒适宜人的候机场所，从而吸引更多的乘客选择美航航班。这处豪华候机室限容50名乘客，为洲际和国际航班头等舱乘客提供轻松有效的候机环境。为了创造一个俱乐部似的氛围，同时展现实用、舒适、高雅的形象，设计师营造了一处别具一格的设施，巧妙的几何状平面布局使室内空间看起来比实际上要大得多，建筑材料和家具采用时尚而且经久耐用的色彩和装饰，引入当地特色艺术表现迈阿密奇特的多元文化传统。此外还有其他各种引人注目的设施，如登记接待区、休息区、食品服务区、厨房、淋浴间、卫生间及熨衣间等。美航高层管理层总是声称这个豪华候机厅是他们最理想的俱乐部。猜猜看，下一次预定航班时你会选择哪里？

顶图：休息区
对面页图：登记接待区
右图：休息区内玻璃隔间
摄影：Nancy Robinson Watson

Leotta Designers Inc.

Xerox
Stamford, Connecticut
施乐
康涅狄格州，斯坦福

更新，努力做得更好，必要时可重复，这是公司的原则。商务建筑室内很少会一成不变。但是公司同设计师之间的关系却可以保持长久，就像雷奥塔设计师公司已与施乐公司神交15载，常年帮助维护公司办公总部。办公总部位于康涅狄格州的斯坦福，共255000平方英尺（约23690m²），供600多名公司员工使用。重新改造一个大型综合性设施与从头开始设计一个同类建筑在思路上完全不同。由于前提是施工期间员工仍不间断工作，所以需要采用分阶段设计建设，而且施工现场必须同办公场所有效隔离，把施工可能对员工日常工作的影响控制到最低限度。与施乐管理人员通力合作是雷奥塔设计师公司与这家复印和信息行业巨头保持15年交往的主要职责，长期交往使双方都受益匪浅。

左上图：经理办公间
右上图：董事会议室
右图：大堂旁边的主门厅
对面页图：中庭餐厅
摄影：Peter Paige

施乐公司信赖这样一家能够完全领会公司文化、操作程序、日程安排和工程预算的设计公司。雷奥塔设计师公司逐步提供一系列从方案设计到空间布局、设计进行、施工图、施工管理等各种服务，甚至负责估测各个阶段的影响。最近这个任务涉及到对大量策略性空间的更新和改造，包括电视会议中心、中庭餐厅和大堂。网络时代来临之际，施乐公司与雷奥塔设计师公司的交往更为密切，在设计师精心关照与业主的长期支持下，双方感情弥笃。

上图：培训/会议设施
右图：经理会议室

Lieber Cooper Associates
列伯 – 库珀合伙人公司

444 North Michigan Avenue
Suite 1200
Chicago
Illinois 60611
312.527.0800
312.527.3159 (Fax)
www.liebercooper.com
jason@liebercooper.com

Lieber Cooper Associates

Cassiday Schade & Gloor
Chicago, Illinois

卡西迪、斯盖德和格罗律师事务所
伊利诺伊州，芝加哥

在芝加哥，最受人们喜爱的城市歌剧院同时也是一幢气度不凡的标准办公建筑。所以当拥有170名员工的卡西迪、斯盖德和格罗律师事务所聘请列伯–库珀合伙人公司负责设计这幢古老建筑内的59505平方英尺（约5528m²）的办公机构时，设计师面临不少挑战。在技术方面，需要先进的空调暖通、电力、声音和数据系统取代原来简陋的基础设施。在空间方面，设计师在建筑的四方形平面和四方形中庭内设计出连绵交织错综复杂的"跑道"迷宫，继而将之分为4个区，各区分别拥有各自的中心区域。在美学方面，业主担心腾空现代设计铺陈古老风格会令员工和客户误解为设计的倒退。然而，设计师在开敞、明亮的现代设计中融入温暖的色调、木材、石材、布艺等经典材料，插入宽敞的走道以及专用办公间、会议室、内勤工作区及阳光充沛的接待区，使得业主的顾虑一扫而空。难怪，律师们都开心地把这里当作家。

上图：从电梯厅看向接待区
右图：接待区
摄影：Scott McDonald / Hedrich Blessing

Lieber Cooper Associates

Lovells
Chicago, Illinois
洛维尔律师事务所
伊利诺伊州，芝加哥

列伯－库珀合伙人公司应邀为英国著名的洛维尔律师事务所（原洛维尔－怀特－杜朗特律师事务所）设计其位于IBM大厦内20500平方英尺（约1904m²）、供45名员工使用的地区总部。还能有比这更为出色的设计吗？IBM大厦是国际风格的杰作，由密斯·凡·德·罗设计完成，为洛维尔律师事务所提供了由大理石、枫木和玻璃构成的经典现代办公环境的设计灵感。建筑从上至下600英尺（约180m）全部19层空间均可享受到芝加哥河畔风光，加速了这处地产的增值。

此外，律师们贡献出自己奇特的当代艺术藏品，营造出一个艺术馆似的空间，从定格在电梯厅窗外的湖畔风光开始，到接待区迅速展开，并环绕旁边的律师办公间、会议室、案例分析室、图书室和餐厅铺展。然而，我们也不可忽视设计师所精心构思的平面布局。设计师充分借助从窗到建筑中心的深度实现了业主的目标，进一步改善律师们和内勤工作人员之间的团队合作意识。整个设计十分出色，业主再次邀请设计师参与事务所5000平方英尺（约465m²）的扩建工程便是一明证。

左图：从电梯厅看向接待区
上图：走道
对面页图：会议室入口
摄影：Marco Lorenzetti / Hedrich Blessing

Lieber Cooper Associates

Piper Marbury Rudnick & Wolfe
Chicago, Illinois

派珀－马柏里－
鲁得尼克和沃尔夫
律师事务所
伊利诺伊州，芝加哥

右图：走道
下图：会议室
对面页图：室内连接楼梯
摄影：Jon Miller / Hedrich Blessing

列伯－库珀合伙人公司多年来密切关心派珀－马柏里－鲁得尼克和沃尔夫律师事务所办公场所设施更新的策划和设计，这是保证双方长达15年良好互惠关系的前提。从开始参与业主早在1987年最初的164000平方英尺（约15235m²）的办公空间设计开始，列伯－库珀合伙人公司已经成为其事业成功不可或缺的谋略伙伴。现在，随着人员不断增多，派珀－马柏里－鲁得尼克和沃尔夫律师事务所已发展到今天672人的规模，办公场所面积也达到216872平方英尺（约20150m²）。富有远见卓识的律师们要求设计师甚至在电子计算机、信息科技和经济冲击不断影响律师职业经营的今天，能够在保持原建筑经典现代设计语汇的前提下构思出新鲜的设计理念，对设计师而言这的确是一个新的挑战。业主在十年前也就是租借合同签订的第七年，请设计师帮助谈判扩大长期租用面积，并估测室内设施

上图：图书室

必需的成本开销。谈判相当成功，业主获得了按设计师估测的主要办公设施的补贴，而且规划总图也成为事务所迅速拓展进程中的一个生动的、不断更新的见证，随时对业主在空间需求上迅速作出反映。事实上，这个经典的现代办公空间内几乎每一处（无论从律师办公室、会议室、内勤办公室、案例分析室、图书室、接待区、餐厅还是到醒目的连接楼梯）都是对这个充满活力的事务所的实时评估。

LPA, Inc.
LPA 设计公司

17848 Sky Park Circle
Irvine
California 92614
949.261.1001
949.260.1190 (Fax)
www.lpainc.com

LPA, Inc.

Woodbridge Office Building
Irvine, California

伍得布里奇办公大楼
加利福尼亚州，欧文

下图：中心休息区
摄影：Adrian Velicescu

上图：娱乐主楼内的厨房
左图：娱乐主楼内的攀岩墙
左下图：专用办公间
右下图：开放式布局工作区

能够为一家充满活力的金融管理公司的18名员工设计一处15000平方英尺（约1394m²）的独立办公楼的确是一次良机，而为其加设一处7000平方英尺（约650m²）的包括各类攀岩形式、游乐室、齐备的厨房和游泳池在内的运动娱乐设施，则更具吸引力。将这两处设施添加在这个规划严密的社区之内，可谓挑战与机遇并存。一条绿化带连接娱乐主楼和办公主楼，四周是一条干涸的河床，赋予了设计师开敞的建筑语汇。庄重的室内空间被定格在澄明的自然背景之中，在这个生机勃勃的环境中创造出两种风格的并置；休闲的聚会空间装饰以简单的建筑材料，在自然光的沐浴中给人以温暖的感觉。玻璃隔断和天窗照亮了室内大块工作区，而新型技术的运用和安检设施将其与东海岸合作伙伴衔接得无懈可击。这个精心构思的获奖佳作与业主独特的需要密切配合，LPA设计公司充分显示了在建筑设计、景观设计、室内设计和家具设计等方面的强大实力。

LPA, Inc.

加利福尼亚州立大学，校长办公室
加利福尼亚州，长滩

California State University Chancellor's Office
Long Beach, California

加利福尼亚州立大学是美国最大的大学机构，在全州拥有23个校园，学校希望设立一处办公总部执行日常行政操作以及校外交流事务。这个获奖佳作在长滩港湾为学校设计了一座165000平方英尺（约15330m²）的6层办公大楼，500多名教职工可以尽情领略户外的太平洋风光。设计师一反常态，将通常设在四周的专用办公间移到室内中心区域。这块中心区域被界定为内陆地带，专门设置噪音要求条件高的部门、日常办公部门以及建筑功能区。周围由一条通道连通，上下层的教职员工通过室内一个连接楼梯及传统的电梯方便交往，也可共享一些生活设施。温馨的公共空间采用天然的建筑材料和装饰，反映了建筑作为永恒的公共空间之外的多种功能。底层的会议中心为校方管理人员、校长及学生代表提供各类会议空间。由于学校体系庞大，设计师还配置最新型的设备沟通学校与全州各地的联系。LPA设计公司充分发挥出建筑设计、室内设计、标志设计、家具设计及景观设计等各种才华，完美地表现了加利福尼亚州立大学的显著地位。

左上图：建筑外观
右图：主大厅内的楼梯
摄影：Timothy Hursley

上图：会议中心
左图：专用办公区，位于室内中心

LPA, Inc.

KIA Motors, USA
Irvine, California

起亚（KIA）汽车公司，美国办公机构
加利福尼亚州，欧文

右图：接待区
下图：主厅
底图：办公区走道
摄影：Adrain Velicescu

一座屡经改建重修的建筑现已成了乱糟糟的一团，为了赋予其明晰的功能空间及崭新的风貌，起亚汽车公司及其设计顾问LPA设计公司共同完成了这处150000平方英尺（约14000m^2）的加州欧文办公总部的设计。平淡无奇的大厅在重新设计装饰之后成为一个精品车展示厅。经理办公区和销售部被安置在室内前部靠近大厅的地方，便于接待客户。行政办公区设在室内中心，为公司经销商特设的技术培训部位于室内后部。起亚汽车公司已经为他们的汽车营造了一处适宜的家园。

LPA, Inc.

Newmeyer + Dillion
Newport Beach, California

纽梅耶和狄龙律师事务所
加利福尼亚州，纽波特海滩

按照出现年代来看，律师事务所是一个古老的职业，可是如今也不得不以不同程度的热情屈从于信息科技等现代因素的压力，同时还需要尽最大可能保持传统。纽梅耶和狄龙律师事务所85名员工迁入加州纽波特海滩一处22000平方英尺（约2050m²）的办公场所，由LPA设计公司负责设计实施，业主希望保留原来办公空间的一些设施。设计师首先帮助业主明确需要保留的部分，如固定设施和家具，然后把它们融入到新的设计中。专用办公间被安置在室内四缘，纵向天窗把阳光引入室内，樱桃木材料的办公隔间供秘书使用，此外还设有会议室、休息室、法律书籍图书室、储存室、卫星式布局的复印/打印区以及阅读区和大厅。至于律师们对这处新办公环境的反映，他们说，"我们的客户对新的办公空间的设计反响强烈。我们将继续聘请LPA设计公司负责我们下一个工程，甚至下下一个工程。"

左上图：大堂
右上图：图书室和阅览区
右下图：专用办公间和会议室
摄影：Adrian Velicescu

LPA, Inc.

Automobile Manufacturer
Torrance, California

汽车生产商
加利福尼亚州，托兰斯

左图：接待区/公共空间
下图：会议室及室内旋转墙
摄影：Adrian Velicescu

一个激发灵感的办公环境有利于鼓励员工创造性的思维。为了开发这样一处办公空间，一家汽车制造企业聘请LPA设计公司为其商务部门设计一处活力蓬勃、灵活而且充满创造性的办公空间，从而达到鼓励观念创新的目的。尽管建筑结构坚实，少窗而且楼层较高，设计师综合采用天窗、暴露的天花板、间接光源和组合式家具等营造出一个明亮、色彩丰富而且开敞的空间。此外，设计师还设计了一处团队工作区，环境更为轻松，摆放着休息座椅和商务期刊。这处空间通过一道16英尺（约4.8m）高的旋转墙与会议室相连，可用于大型展示。室内最引人注目的还是室内开放的"路径"，隐喻着空间的个性。"路径"和装载各种设备的"管道"的两旁林立着一些"广告牌"，为设计锦上添花，这样一个极富创造性的空间赋予员工开放思路和无限灵感。

Mancini·Duffy
曼西尼 – 达菲事务所

39 West 13th Street
New York, NY 10011
212.938.1260
800.298.0868
212.938.1267 (Fax)
www.manciniduffy.com
info@manciniduffy.com

Washington, DC
Mountain Lakes
San Francisco
Stamford

Mancini·Duffy

Condé Nast Publications
New York, New York

Condé Nast 杂志社
纽约州，纽约

上图：经理办公区走道
右图：艺术工作室
下图：会议室外观
对面页图：接待区
摄影：Peter Paige

印刷业不仅没有消亡而且发展良好。事实上，杂志在网络时代依然欣欣向荣。例如美国最著名的杂志社 Condé Nast，杂志社下属多种期刊，有《时尚》、《新纽约人》、《建筑文摘》、《名利场》和《魅力》等。最近，杂志社全体2000名员工迁至纽约时代广场一处76万平方英尺（约70764m²）的新办公场所，由曼西尼－达菲事务所负责设计实施。这当然不仅仅是将散落各处的办公机构联合成一整体，业主更希望各个期刊都能依托各自的空间展现各自的"品牌"意识、个体性文化特征和工作风格。此外，空间设计还应反映出大厦开发商德拉斯特机构（Drust）采用环保建筑材料与系统的坚定信念。专用办公间设在室内中心，开放式布局的办公区位于室内四缘，会议室、检测室、示范厨房、报告厅、图书室、图片工作室、食堂以及专用餐厅等诸多设施无一不显示出这处办公空间已严阵以待，迎接新千年的来临。

Mancini·Duffy

Prism Communication Services
New York, New York
普瑞斯姆信息服务中心
纽约州，纽约

勾画一下科技天才和商学院研究生们和睦工作的场景。这只是曼西尼－达菲事务所在普瑞斯姆信息服务中心（Prism）这个项目的诸多成果之一。普瑞斯姆信息服务中心是一家快速接通互联软件供应商，公司250名员工新近迁入纽约一处45000平方英尺（约4181m²）的办公场所。业主对此项目的特殊设计要求是，这处空间还应具备展示、示范功能，可以举行各类客户活动，要设有开放式布局的总办公区、透明度高的办公后区，还应配备诸如餐厅、大厅及会谈区的生活空间，鼓励员工之间的相互沟通，而一切设施安置都要符合风水原理。

为了加强在这座有悠久历史的建筑内的办公空间导向的明确性，设计师在室内安插进一条迂回蜿蜒的通道连接所有公共空间，连绵不断的硬木吊顶、鲜明的地毯分界、醒目的吊灯设备以及弧形玻璃墙与之相得益彰。各种设施有机联系并且功能明确，照明设计非常亲切，室内系统采用最新型设备，技术人员和管理人员在此和谐共处，正如公司所提供的网络途径一样，畅通无阻。

对面页，左下图：会议室
对面页下图：办公总区的通道
右图：餐厅及壁画
摄影：Phillip Ennis

Mancini·Duffy

BMC Software
Waltham, Massachusetts

BMC软件公司
马萨诸塞州，沃尔萨姆

右图：客人休息区
下图：员工咖啡吧
摄影：Phillip Ennis

下面这个工程体现了以信息科技为媒介的有趣搭配。这里是面向公司客户的一个展厅，开放、引人注目而又透露着高科技的时尚感觉；另外这里还是一处软件研发机构，需要校园般宁静舒适，保证长时间的专注工作。曼西尼－达菲事务所为BMC软件公司600名员工设计的位于马萨诸塞州沃尔萨姆的175000平方英尺（约1625m²）的两层办公场所，的确体现了两种生活的并存。用于客户接待、客户培训和客户展示的区域位于室内保留区域，设计时尚别致；而其他区域，例如设在四缘的专用办公间及设有咖啡吧的会谈区，设计风格非常休闲轻松，主色调为黑、白及其他原色，一派高科技世界。优秀的设计师、优秀的设计作品将一切完美融合。

Mancini·Duffy

Internet Company
San Francisco, California

网络公司
加利福尼亚州，旧金山

任何一个曾经用一个小时或更短的时间准备好一顿晚餐的人都会理解曼西尼-达菲事务所为一家网络公司进行改造设计的苦衷。这里原来是一家健身俱乐部，位于旧金山市列维广场，公司为70名员工提供这处10000平方英尺（约929m²）的办公场所，意在通过建立一个办公中心来吸引人才。节省时间、节减开支，同时又能展现红红火火的开工场面，那就意味着尽量保留原有结构，采用库存材料、现成的家具和能够遵照快轨式工期供货的当地供应商的各类产品。由于原建筑空间内采光不足，会议区、接待区、餐厅及其他公共设施都集中在室内前部。办公区分设在林立着黑板的走道两旁，半透明的纤维纱幕更加强了私密性。工期短、开支少、功能实用是这个项目的显著特点。

左上图：黑板林立的走道
右上图：接待区
摄影：Cesar Rubio / Cesar Rubio Photography

Mancini·Duffy

Sports Illustrated
New York, New York

体育画报杂志社
纽约州，纽约

左图：接待区
下图：休息区
摄影：Peter Paige

正如一场如火如荼的比赛中最后发起的攻势一样，曼西尼-达菲事务所为体育画报杂志社设计的165000平方英尺（约15328m²）的纽约办公机构如同一个快速移动的靶子。这个3层的办公机构容纳杂志社475名员工，被设计成"灵活多变的工作环境"，以适应变化频繁的经营状况。室内基础办公设施都是通用的，支持统一的电力、照明、供暖、空调、数据库及电讯设备；此外，还有"整套部件"，包括可相互组装的隔板和部件。然而，正如体育迷们所知，运动不仅仅是技术的展示，室内的专用办公间、开放式布局工作区、会议室、培训及休息区、团队合作休息区、接待区以及艺术、图片、显像等特殊设施同样也展现了蓬勃向上的运动员风貌，这也正是体育画报经年苦心经营的品牌风格。

McCarthy Nordburg, Ltd.
麦卡西·诺得伯格有限公司

3333 East Camelback Road
Suite 180
Phoenix
Arizona 85018.2323
602.955.4499
602.955.4599 (Fax)
main@mccarthynordburg.com
www.mccarthynordburg.com

McCarthy Nordburg, Ltd.

Cohen Kennedy Dowd & Quigley
Phoenix, Arizona

科恩-肯尼迪-唐德和圭格雷律师事务所
亚利桑那州，菲尼克斯

麦卡西·诺得伯格有限公司曾负责设计科恩-肯尼迪-唐德和圭格雷律师事务所原来的办公机构，现在又欣然受命负责其位于菲尼克斯新办公机构的设计，新办公机构提供给22名员工，共16000平方英尺（约1487m²）。业主要求设计新颖独特，体现事务所鲜明个性和充满活力的公司文化，并且给予设计师充分的自由，设计出风格独特的律师办公环境来挑战传统的法律办公空间设计。业主丰富的当代艺术藏品成为弥漫整个室内画廊主题的出发点，体现在室内明快而现代的建筑风格、中性色彩及戏剧性的照明设计中。室内这条125英尺（约37.5m²）长的走道，同时也是一条生机勃勃的"艺术之廊"，让员工和客户联想翩跹，更加体现出空间轻快活跃的气息。

左上图：会议室
远处，左图：入口
左图：走道
对面页图：接待区
摄影：Michael Norton

McCarthy Nordburg, Ltd.

Gainey Village Health Club & Spa
Scottsdale, Arizona

盖尼乡村健身中心及游乐场
亚利桑那州，斯科茨代尔

下图：大堂
摄影：Michael Norton

右图：休息区
左下图：更衣间
右下图：楼梯

位于亚利桑那州斯科茨代尔的盖尼乡村健身中心及游乐场，总面积70000平方英尺（约6503m²），是美国西南部最大的健身中心。这家拥有25间健身房的运动沙龙同时还是斯科茨代尔保健机构为富有的客户提供的运动医疗康复中心。这个项目对麦卡西·诺得伯格有限公司的主要挑战在于，设计师不得不精心构思将业主所选定的古老的美国传统主题融入到建筑的当代风貌之中。客户一进入大堂就会发现精心处理的细部无处不在，大胆突出的色彩和装饰感极强却不乏舒适感的各类设施营造出引人入胜的氛围。室内处处洋溢着亲切的好客情趣，甚至更衣间也装饰以意大利玻璃砖，而枫木材料的更衣柜则用不锈钢加以点缀。室内处处展现出蓬勃的生机，吸引着客户乐此不彼。

McCarthy Nordburg, Ltd.

Harris Trust
Tucson, Arizona

哈里斯信托公司
亚利桑那州，图森

右图：信贷办公室
下图：出纳柜台
对面页图：会议室
摄影：Michael Norton

开启出纳办公柜台与信贷办公间之间的空间，强化视觉联系，这只是麦卡西·诺得伯格有限公司为哈里斯信托公司改造并扩建一处拥有25年历史的古老银行建筑时所采用的策略之一。这处办公场所位于亚利桑那州图森，总面积为4710平方英尺（约438m²），作为哈里斯信托公司下属一部门，专门服务高净值的商务客户。有趣的是，天花结构虽是原建筑的主要局限，但这时却恰恰帮助设计师确立了设计风格，营造出意趣盎然的空间氛围。例如，原来的管道被改造成一抹弧线，隐置光槽。总体上选用的建筑材料及装饰包括柔和的地板图案、材料精良的家具设施、木料点缀及泥土本色调，既保证了整个设计的整体感，又为超出公司想像能力的高层次的客户提供了一处充满魅力的高品质服务空间。

McCarthy Nordburg, Ltd.

Meridian Enterprise
Phoenix, Arizona

顶点企业
亚利桑那州，菲尼克斯

左图：接待区
上图：核心区域
下图：开放式布局工作区及天花板
摄影：Michael Norton

对于那些期待翻天覆地变化的人而言，这里给人以深刻的印象。顶点企业为摩托罗拉公司下属部门，为半导体集团开发软件工程。将菲尼克斯市内各个机构集中于这处72000平方英尺（约6690m²）的单层、高开间工业建筑内。尽管这类建筑很少能成为理想的办公空间，麦卡西·诺得伯格有限公司的设计师们还是在此充分展示了一幢粗糙的工业建筑如何成为了一处可容纳450人的出色办公空间。室内采用开放式布局，中心区域安设培训室、会议室、"登陆区"及其他办公服务设施，这里还采用顶高的隔墙，暴露出光缆托架和天花板，营造出独立的高科技服务邻里中心，透露出的是"酷"感，而绝非"颠覆"的意味。

Meyer Associates, Inc.
梅耶合伙人公司

227 East Lancaster Avenue
Ardmore
Pennsylvania 19003
610.649.8500
610.649.8509 (Fax)
www.meyer-associates.com
www.cooldiggs.com
info@meyer-associates.com

Meyer Associates, Inc.

De Lage Landen Financial Services, Inc.
Berwyn, Pennsylvania

兰登金融服务公司
宾夕法尼亚州，伯维恩

左上图：经理办公区入口
右上图：市场部开放式布局的办公区
右图：餐厅
对面页图：接待区
摄影：Don Pears Photographers, Inc.

毋庸置疑，自从20世纪70年代开始，大批办公空间设计转向开放式布局，从此美国的办公空间变得更为灵活也更为经济。在梅耶合伙人公司为兰登金融服务公司（De Lage Landen）设计的宾夕法尼亚州伯维恩办公机构内，开放式布局的绝妙之处比比皆是。这处全新的办公空间总面积为220000平方英尺（约20440m²），共3层，为718名员工提供服务。公司所有权新近变更，新上任的总裁要求，作为一个高品质的全球理财公司，兰登金融服务公司应该减少等级感。为了迎合这一新的主旨，并且兼顾公司100%的流动率，新的设计大大减少了专用办公间的数量，从150间减到了10间，并且采用可拆卸式全高隔板、开放式布局办公台、抬高的地板以及其他有力活跃的设计因素，甚至专用办公间也展现了前所未有的开敞——只是3面有墙，因此整个办公机构切切实实改换一新。此外，新的办公环境也添设了一些生活设施，如健身中心、餐厅和咖啡吧，非常便于到达，无论员工位于室内什么位置，都能尽情享用。

Meyer Associates, Inc.

Provident Mutual Insurance and Financial Services
Berwyn, Pennsylvania

普罗维登相互保险公司
宾夕法尼亚州，伯维恩

左下图：经理会议室
左底图：培训室
右图：经理办公区
右下图：培训室休息区
摄影：Don Pears Photographers, Inc.

位于宾夕法尼亚州伯维恩的普罗维登相互保险公司始创于19世纪初，公司意图通过这处463人享用的110000平方英尺（约10220m²）的2层办公总部体现双重印象：古老的传统以及与全球经济的紧密联系。因此要求梅耶合伙人公司在设计中兼顾公司的发展、变化以及公司文化观念的更新。考虑到整体重于部分，新办公总部的设计将久远的木制建筑元素与拆装灵活的室内隔板完美融合；此外还在培训室的休息区向员工们展现了丰富的历史工艺品收藏；同时，还通过室内的弧形墙体与工艺玻璃强化了多样的功能空间而又节约了成本。历史的回顾展现了光明的未来。

Meyer Associates, Inc.

ICON Clinical Research
North Wales, Pennsylvania

ICON 临床研究所
宾夕法尼亚州，北威尔士

左图：董事会议室
左下图：室内会议室
右下图：办公总区内的天窗
对面页图：接待区
摄影：Don Pears Photographers, Inc.

一家年轻的机构突然发现自己需要扩大。于是，它需要一个现实的平面布局和一处成本节约的办公机构来满足公司的迅速发展，同时还需要适宜的室内设计体现并界定公司文化。这便是梅耶合伙人公司受聘为 ICON 临床研究所设计其办公总部时所面临的问题。ICON 临床研究所提供临床研究及生物统计学服务，打算在宾夕法尼亚的北威尔士新建一处93000 平方英尺（约8640m^2）的办公总部，提供给 420 名员工使用。由于新近在有限的资金范围内发行了公众股，客户大批拥入，机构迅速膨胀，ICON 临床研究所迁入这处单层的工厂建筑，并且很快证实了这次设计的确是明智之举。发展迅速部门的位置便于进一步增员的需要；通道和天窗戏剧性的独特运用，为室内空间增添几分生动；明确的公司文化在密集的空间安排中也得到了很好的体现。ICON 临床研究所不断发展壮大，很快便顺利地侵占了整个工厂，体现出公司强大的研究实力。

Meyer Associates, Inc.

US Interactive
King of Prussia, Pennsylvania

美国互动

宾夕法尼亚州，普鲁士王

开始关注建筑设计和室内设计如何在有限的预算和紧缩的工期内营造出让人振奋的办公环境，这也堪称新经济出人意料的一个馈赠。梅耶合伙人公司为美国互动在宾夕法尼亚州的普鲁士王设计的24000平方英尺（约2230m²）的2层办公总部便是其中一个佳作。美国互动公司提供专业网络服务，致力于为通信公司和金融服务机构提供管理方案，正处于新股发行阶段，资金来源于一家风险投资公司。因此，在筹建办公总部时，每一分钱都要精打细算，室内设施包括办公区、会议室、多功能室和咖啡吧，意在通过良好的工作环境吸引并保留公司这120名年轻而才华横溢的网络精英。面对室内的油漆色彩、清水墙、地毯、工业化装置以及出色设计的魔力，任何到此访问的人们都情不自禁地发出赞叹。

上图：会议室，外边是接待区

右图：咖啡吧

摄影：Don Pears Photographers, Inc.

Mojo•Stumer Associates, P.C.
莫乔 – 斯蒂默合作事务所

14 Plaza Road
Greenvale
New York 11548
516.625.3344
516.625.3418 (Fax)
www.mojostumer.com

Mojo•Stumer Associates, P.C.

GB Capital
New York, New York

GB 资金公司
纽约州，纽约

左图：接待区
下图：接待台细部
对面页图：电梯厅
摄影：Phillip Ennis

成功人士都经历过这个时刻：突然之间，他们发现品质卓然的手表、功能超群的赛车以及剪裁精良的西服似乎都不再遥不可及。然而人们不再满足现状，而是意欲得到更新更高层次的体验。这便是GB资金公司聘请莫乔－斯蒂默合作事务所为其设计14000平方英尺（约1300m^2）的新办公场所时始料未及的偶然结果。GB资金公司是纽约一家资金管理公司，现有员工40人，随着公司事业欣欣向荣，这家只有4年历史的公司的两名合伙人需要更多空间满足业务拓展需求。公司接管了与公司同位于市中心一座办公大楼内同一层上另两家租户的办公用地。当两位合伙人请莫乔－斯蒂默合作事务所设计新的办公机构时，非常清楚自己的需要，至少在功能需要上思路非常明确，设计要求主要包括一个正式的接待区、3个交易室、一个合伙人办公室、3个专用办公间以及会议室、微机室、复印/档案室和小餐厅。事后，这两位合伙人回忆说，"我们明白在交易

室内增加办公椅就需要更多的空间以及配置更高的电力、空调和电缆装置。由于我们希望向客户展现更为庄重的形象,我们还对设置进行了升级。我们需要走道的安排能够便于客户便捷地到达会议室或办公室,而不是交易室。除此之外,我们还希望从我们的座位上就能一直看到交易室。"决定对现有设施进行扩建之后,公司历经了数月的分期施工。在

对面页图:交易室
右图:会议室入口
后页:合伙人办公室

上图：接待区
右上图：接待区内的台灯和休闲座椅

施工进行期间，员工们不得不搬来搬去。工程结束之后，GB资金公司最终拥有了一处拥有高度功能性和灵活性并且经济实用的办公机构。然而，空间所传达的美感，也通过室内使用的硬木材料、石灰石和不锈钢等建筑元素中得以具体体现。两位合伙人说，"我们亲眼目睹了设计师向我们提交的平面设计、设计表达和设计大样并赞同了设计师的主张，但是我们在工程结束之前全然没有想到结果会是如此美妙。我们为我们新的办公空间兴奋不已。"

Montroy Andersen Design Group, Inc.
蒙鲁瓦·安德森设计公司

432 Park Avenue South
New York
New York 10016
212.481.5900
212.481.7481 (Fax)
www.madgi.com

Montroy Andersen Design Group, Inc.

**Active Health Management
New York, New York**

积极健康管理公司
纽约州，纽约

左图：董事会议室
左下图：接待区及小会议室
左底图：开放式布局办公区
对面页图：木石材料的主题墙
摄影：Phillip Ennis

有些时候对一处设计出色的办公环境的最佳改造方案就是尽量少作改动，最新型的网络医疗服务中心当然也不例外。因此，当积极健康管理公司聘请蒙鲁瓦·安德森设计公司为其在纽约设计一处可容纳85名员工的20000平方英尺（约1860m²）的办公机构时，要求将自然光与原建筑的弓形窗和高层高结合起来。据此，设计师在新办公空间内采用金属框玻璃隔断来分隔界定位于四缘专用办公间、开放式工作区和会议室以及位于室内中心的餐厅、卫生间、存储间和设备室。室内别具一格地将天花板暴露出来，悬置一些灯具，管道设施也清晰可见。室内另外一个焦点是一道石墙，划分开员工工作区和其他功能设施。不论积极健康管理公司发展前景如何，它都已经拥有了一个崭新的家园，以此来规划自己的命运。

Montroy Andersen Design Group, Inc.

Montroy Andersen Design Group, Inc.
New York, New York

蒙鲁瓦 – 安德森设计公司
纽约州，纽约

室内设计是否能做到像钟表一样精确？对于蒙鲁瓦·安德森设计公司而言，这一挑战不久前具有特殊意义，因为业主就是建筑师和室内设计师自己。设计公司不仅需要在曼哈顿这处3000平方英尺（约280m²）的空间内合理安置公司19名员工，而且意图通过这处办公空间充分展示各种建筑材料、家具设施及照明设施，为业主的特殊需求提供不同选择。瘦高的人形钢材雕塑、抛光钢板墙以及双轴结构的平面布局，构造了一个堪称范例的三维模型。对于室内各种设施，如设计工作室、合伙人办公间、会议室、资料图书室及枫木、樱桃木装饰的餐厅，各种材料如不锈钢、玻璃、油漆色彩、地毯以及各式灯具诸多设计，模型理论都是设计的基点，无论客户对此是否能够领会，他们都确实领略到了真真切切的和谐与秩序的氛围。尽管空间不大，但工作人员、家具以及先进的计算机设备都各就其位，精确程度不亚于时钟的各个部件。

左图：在接待区看到的会议室外墙
右图：合伙人办公室的入口
右上图：合伙人办公室
对面页图：设计工作室
摄影：Wade Zimmerman

Montroy Andersen Design Group, Inc.

美名信息服务公司
纽约州，纽约

Fame Information Services
New York, New York

左下图：董事会议室
右图：接待区
右下图：室内外缘主要通道
摄影：Paul Warchol

美名信息服务公司的使用者有两类：公司85名员工和来接受培训的客户。而对于公司25000平方英尺（约2323m²）的办公空间而言，L形布局着实是个令人头疼的问题。然而，蒙鲁瓦－安德森设计公司在设计中，插入明确的视觉暗示，提示人们哪一边通向专用办公间、开放式办公区和会议室，哪一边通达培训设施，从而在接待区就将人员分流。员工主通道位于外缘，天花板为暴露的金属结构，装有聚光灯模拟自然光，如同一条长长的道路，中途设有舒适宜人的休息区、餐厅和信件收发中心。有了这样一个简洁明快而又韵味无穷的工作环境，任何人都没有理由不乐守其职。

Montroy Andersen Design Group, Inc.

USA Networks
New York, New York

美国网络公司
纽约州，纽约

左下图：会议室及风景宜人的露台
右下图：接待区及室内楼梯
摄影：Paul Warchol

快速搬迁对媒体娱乐行业而言毫不奇怪，因为在这一行业，错失先机就意味着于事无补。美国网络公司作为美国媒体娱乐界的佼佼者更是深谙其道，于是公司聘请蒙鲁瓦-安德森设计公司为其在曼哈顿市中心设计一处30000平方英尺（约2790m^2）的3层办公总部。业主要求采用设计施工并进的"快轨制"施工方法，因此设计公司全方位地充当建筑师、室内设计师和项目经理各项职责。此外，考虑到效率和成本，设计师准备在原建筑设施基础上进行一些改造和再利用，还打算同分包商和供货商直接洽谈。基于这种设计思路，设计师不仅经济地如期完成了专用办公间、开放式工作区及会议室等设施的设计，而且还为员工提供了一个景致宜人的露台，俯瞰楼下中央公园的传奇美景；此外，设计师还设计了一个灵活流畅的楼梯衔接室内各楼层。这个设计绝对出色！

Montroy Andersen
Design Group, Inc.

Jefferies & Company
Short Hills, New Jersey

杰弗里公司
新泽西州，萧特山区

左图：接待区
上图：接待台细部
左下图：交易厅
摄影：Addisen Thompson

在每一个交易日，刺激与兴奋都与杰弗里公司这样的交易证券公司同在。市场在世界范围内无限连通，资金畅通无阻丝毫不受限制，信息转瞬之间传向四方，所有这一切都使得金融世界愈发变化无常，前景难测。为了给杰弗里公司在新泽西州的萧特山区设计一处独特、刺激、新型的18000平方英尺（约1673m²）的办公分支机构，蒙鲁瓦-安德森设计公司密切关注公司90名员工之间的相互影响，尤其是室内核心的关键区域——交易大厅；室内主要设施包括专用办公间、开放式工作区、会议室、设备齐全的餐厅、健身房和电信设备室。主要交易商被安置于抬高的楼面，俯视两旁的交易台和四边玻璃外观的办公间，出色的设计赋予他们一种征服金融世界的成就感。

Nelson
尼尔森事务所

The Nelson Building
222-30 Walnut Street
Philadelphia
Pennsylvania 19106
215.925.6562
215.925.9151 (Fax)
www.nelsononline.com
nacorp@nelsononline.com

Atlanta
Baltimore
Chicago
Columbia
Hartford
Jacksonville
Minneapolis
New York
Phoenix
Providence
Richmond
San Francisco
Seattle
Shreveport
St. Louis
Tampa
Wilmington
Winston-Salem

Nelson
尼尔森公司总部
宾夕法尼亚州，费城

Nelson Corporate Headquarters
Philadelphia, Pennsylvania

左下图：建筑外观
右图：接待区
右下图：经理会议室
右底图：工作室
对面页图：入口
摄影：Tom Crane

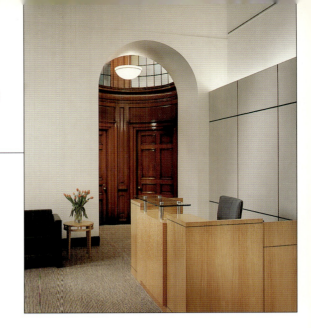

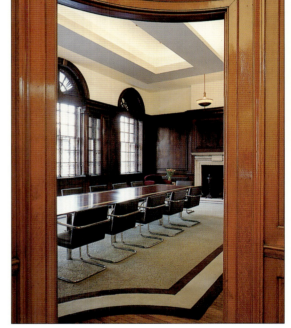

将一个管理着全国19个办事处的、有着复杂功能的21世纪办公总部安置在19世纪40年代晚期的一座砖结构建筑里，这在欧洲是非常普遍的做法。然而在美国，像尼尔森事务所这样的一家规划设计公司，为自己设计这种类型的一个23000平方英尺（约2140m^2）的费城办公总部却绝非寻常。因为在这个设计中除了需要妥善安置事务所下属建筑设计、室内设计、办公服务、管理策略和信息服务等5个部门外，还要兼顾办公区、工作室、图书室、会议/培训中心、行政办公区、局域网控制室及话务中心等设施。设计师充分保留并强调了古建筑的关键设计元素，并且在主办公区暴露基础设施管网，创造性地利用了筒形穹顶地下室内的图书室等原有空间。此外，设计师还为事务所100多名员工设计了一处顶层花园，让大家尽情领略楼下的城市美景。

Nelson

CIGNA World Headquarters
Philadelphia, Pennsylvania

CIGNA 世界总部
宾夕法尼亚州，费城

左上图：董事会议室
右上图：楼梯
左图：经理办公间
对面页图：从经理办公间看向室内
摄影：Jack Neith

居高景愈奇。请看CIGNA世界公司位于费城一座新办公大楼顶层的办公总部，办公大楼总面积100000平方英尺（约9290m²），供300名员工使用。尼尔森事务所独特的设计为这家保险公司提供了一处有效、舒适而又设施先进的办公场所，不露痕迹地契合于建筑最高层的金字塔空间形式内。另一方面，将办公间设在幕墙结构的四缘地带，将开放式工作区围在中心区域的基本布局也相当出色，因为这种设计巧妙地解决并突现了室内的独特之处，如异常的平面形式、迷宫似的廊柱、四缘倾斜的幕墙和互成角度的倾斜支架。整个办公环境卓而不群，经理办公间、办公总区、会议室、经理餐厅、设备齐全的厨房等各种设施材料精良，照明设计精心细微，而四边的景致更是添色不少。CIGNA公司人力资源和服务部副总裁唐纳·列维森欣然说，"我们发现尼尔森事务所非常善于把握我们的需求。"

Nelson

**Bank of America
Northeast Regional Headquarters
Washington, DC**
美国银行，东北地区总部
华盛顿特区

毫无疑问，美国银行东北地区总部所在的华盛顿特区内一座古建筑在几度修整之后往日的历史感已所剩无几。尼尔森事务所最近对这处有 400 名员工工作的 120000 平方英尺（约 11150m²）的 10 层办公空间进行了建筑改造和新的 MEP 基础设施安装，设计主题统一鲜明，人们很难看出新的经理办公间、办公总区、会议室和餐厅同原建筑的差别。然而这一切都是基于设计师对原建筑、对银行改造 10 层办公楼的主要需求所进行的深入广泛的调查研究基础之上。除此之外，设计成功的显著因素还在于采用了新型的更为经济的建筑材料来取代传统建筑材料，并且将员工重新安置在"自由空间"内，而不必干扰整体操作。

左上图：接待区
右上图：餐厅
右顶图：从电梯厅看的景观
对面页图：走廊
摄影：Tom Crane.

Nelson

Ace Executive Dining Room
Philadelphia, Pennsylvania

高级管理人员专用餐厅
宾夕法尼亚州，费城

早在人们坐在费城一座办公塔楼52层上9000平方英尺（约836m²）的高级管理人员专用餐厅里尽享美味之前，尼尔森事务所就遇到了许多实际问题。如何在这么高的位置安排一个设备齐全的厨房所需要的所有通风管道？如何在幕墙向内倾斜的情况下最大化地利用四沿层高纵览窗外天际景观？如何设计一处优雅宜人的就餐环境而又丝毫不能遮饰窗外的美妙风景？这家保险公司的高层经理和他们的宾客们一致认为，尼尔森事务所的设计妙不可言。

上图：看向接待区
右图：四缘的座椅
摄影：Tom Crane

N2 Design Group Architects, LLP
N2 设计集团建筑师事务所

30 West 26th Street
New York
New York 10010
212.989.7842
212.989.7843 (Fax)
www.n2design.net
harryn@n2design.net

403 Main Street
Suite 3
Port Washington
New York 11050
516.883.4906
516.883.4909 (Fax)

N2 Design Group Architects, LLP MCA Records New York, New York

MCA 音像公司 纽约州，纽约

上图：表演空间
右图：电梯厅
对面页图：互动式办公区走道
后页：接待区及暴露在外的混凝土结构
摄影：Phillip Ennis

假如你在欣赏玛丽·布来奇（Mary J. Blige），Lyle Lovett, Chante Moore, Gladys Hnight 或 Semisonic 等艺术家的歌声，你就在享用 MCA 公司出产的音像制品。为了给先锋前卫的 MCA 音像公司 75 名员工提供一处 17500 平方英尺（约 1626m²）的充满活力、功能有效而又多姿多彩的办公场所，N2 设计集团建筑师事务所在墙体、天花板和地板上均采用立体主义风格，敞开天花板的混凝土结构，暴露出 19 英尺（约 5.8m）的层高；除了安设办公间、会议室和休息区之外，设计师还为 75 名员工提供了一个表演空间。玛丽·布来奇，欢迎光临你的音像制作公司。

N2 Design Group Architects, LLP　　**ABN-AMRO
Prime Brokerage
New York, New York**
ABN – AMRO 最高信用等级经纪公司
纽约州，纽约

右图：接待区
下图：室内楼梯
对面页图：会议室
摄影：Phillip Ennis

当 ABN – AMRO 最高信用等级经纪公司这家投资基金和资产管理服务公司的客户们来到公司 55000 平方英尺（约 5110m²）3 层办公机构时，很难觉察到这里有众多中小型办公套间，这些套间共享接待区、会议室、市场数据中心、办公辅助设施及餐厅。为什么？因为尽管设计师赋予各个办公套间独特的功能需求，但是公共空间却采用对各个部分充分关照的统一建筑标准，从而显得整体划一。

N2 Design Group Architects, LLP Optical Heights / Roslyn Heights, New York

视觉顶点 纽约州，罗斯琳高地

左图：入口
右图：展示厅
摄影：Carol Bates

入口处是郊区一家沿街购物中心狭长的店面，充分借助功能及艺术的表现，并将两者完美融合，希望你能设计出像视觉顶点这样出色的一个1200平方英尺（约112m²）的店铺。视觉顶点位于纽约的罗斯琳高地，店内设有专用办公间、主镜实验室、检测室、业务室和展厅。N2设计集团建筑师事务所在设计中倡导一种都市的SoHo画廊风格，每一件商品旁边都展示有一件艺术品，互成角度的弧形白色墙体的背景衬托着木制柜橱，上方暴露出天花板的原有结构映衬着精致的灯饰，下面是石板和地毯铺地。为了加强对这种可感性艺术的感触和感觉，没有一副眼镜被放置在玻璃橱柜后面。顾客在此将会享受真实的视觉感受。

O'Brien Travis Jaccard Inc.
欧布瑞恩 – 特拉维斯 – 贾卡德公司

1825 Connecticut Avenue, NW
Suite 300
Washington, DC 20009
202.939.0300
202.234.2900 (Fax)
www.otjinc.com
info@otjinc.com

O'Brien Travis Jaccard Inc.

O'Brien Travis Jaccard Inc.
Washington, D.C.

欧布瑞恩－特拉维斯－贾卡德公司
华盛顿特区

出色的设计会不会物有所值？欧布瑞恩－特拉维斯－贾卡德建筑设计公司搬入华盛顿市5700平方英尺（约530m²）的办公场所，13名员工享用可安置25人的空间。如果说在接待区、会议室、合伙人办公间、设计工作室、设计图书室以及团队工作区/就餐区等设施的设计中有什么经验可谈的话，那就是优秀的设计必定回报丰厚。结合实际情况，设计师将室内空间层高设计为低至8英尺6英寸（约2.6m），走廊为"保龄球道式"，直通向一处开敞、空旷而又让人振奋的办公空间。这里向客户展示各种建筑材料和施工方法，采用了形形色色的木材和漆饰、各式各样的门板安装工艺、难以枚举的灯饰等等。至少，设计师的理念在此悉数得以展示。

对面页图：会议室，旁边是团队工作区/就餐区
摄影：Thomas Arledge

上图：接待区
左下图：团队工作区/就餐区
右下图：设计工作室，旁边是图书室

O'Brien Travis Jaccard Inc.

American Legacy Foundation
Washington, D.C.
美国遗产基金会
华盛顿特区

美国青少年吸烟事件与联邦政府和各州政府为抵制这一陋习记录的相关数据并不一致。事实上，1996年11月美国遗产基金会在华盛顿成立，致力于控制各年龄层次的烟民数量，而此时美国的香烟产业销售额已高达20.6亿美元。欧布瑞恩－特拉维斯－贾卡德公司负责这处20000平方英尺（约1860m²）的办公场所的设计，可安置基金会75名员工。这处办公空间的设计有助于基金会明确形象、完成使命并且保持对员工和大众的吸引力。格外有趣的是，设计的精湛技艺为基金会实现了3个目标：控制青少年吸烟现象、减少被动吸烟危害以及提高戒烟率。设计师为基金会营造了一处兼具前瞻性（如核心会议室）、启示性（如展示日常行为的两个"圆形大厅"）和精巧性（如经理办公区和会议区）的办公空间，设计和谐巧妙，基金会已整装待发完成使命。

左图：主接待区
左下图：核心会议室
右图："真理"圆形大厅处的走道
右下图：董事会议室
对面页图："美国遗产基金会"圆形大厅旁边的接待区
摄影：Max Mackenzie

O'Brien Travis Jaccard Inc.

**Westfield Realty Inc.
Arlington, Virginia**

西地房地产公司
弗吉尼亚州，阿灵顿

上图：连接楼梯
右图：专用办公间，可以看到窗外城市景观
下图：专用办公间及室内休息座椅
对面页图：接待区，位于公司两层办公空间的底层
摄影：Max Mackenzie

且慢！公司外面的标牌是西地房地产公司，但室内却十足是一个画廊。西地房地产公司这家房地产开发商、地产管理商和承包商聘请欧布瑞恩－特拉维斯－贾卡德公司尽显现代工艺为其设计位于弗吉尼亚州阿灵顿的21000平方英尺（约1950m²）的两层办公场所，此事并非偶然。西地房地产公司的3位创始人和他们的3个子女特意为公司45名员工营造一处具有功能性、适用性并且节约成本的办公空间，并且室内从接待区、专用办公间、会议室、办公总区、走廊到餐厅都将为艺术展藏铺设一个适宜的背景。除此之外，他们还要求设计师充分利用户外华盛顿市中心的壮丽景观，安设独立的"高级"与"普通"办公套间，将独立个性融入到统一的整

体设计之中。除了这些方案要求之外,设计师根据建筑的独特形式还安插进一些大幅度的弧线和互成角度的交叉线,于是这里不仅是一处商业办公佳地,而且也成为一处艺术圣地。不是吗?

上图:普通办公套间内的接待区

右图:从普通办公套间接待区内看向专用办公间

OP·X
OP·X 公司

21 Dupont Circle, NW
Washington DC 20036
202.822.9797
202.785.0443 (Fax)
www.opxglobal.com
info@opxglobal.com

OP·X
世界空间公司
华盛顿特区和英国伦敦

WorldSpace, Inc.
Washington, D.C. and
London, U.K.

左图：世界空间公司总部的大堂
左下图：ROC（地区业务中心）卫星操作部门
右下图：世界空间公司总部内的楼梯
摄影：Alan Karchmer

上图：世界空间公司总部内的演示间

假如直接数字化娱乐和信息转播这种新型的媒体，能够通过无线电传送给分布在非洲、亚洲和中南美洲各地已配备了新近开发的便携式接受器的大量听众，世界空间公司将在卫星转播界首屈一指。这项技术的成功将有助于公司至少实现两个目标之一：赢利丰厚或完成一项社会使命，向以上三大洲服务区外听众提供服务。OP·X公司与斯本斯·哈里森·霍根通力合作完成了公司于华盛顿特区及英国伦敦办公总部的设计，其中不少典范之处令人印象深刻。更具意义的是，公司将86000平方英尺（约7990m²）的世界空间公司办公总部和第一地区业务中心（ROC）设在首都华盛顿N.W.大街2400号，这是原来是美国新闻和世界报道的办公地点。在这个明快现代的办公总部内，入口处的两层大堂、玻璃围合的会议室及提交演示室的电视会议设备格外引人注目。虽然办公总部的设计已经让人叹为观止，可是同11000平方英尺（约1022m²）的ROC的设备要求面积相比，还是相形逊色。ROC为全日制工作，因此，"美洲之星"（AfriStar satellite）可以从距离地球表面22000英里（约35200km）的同步轨道上向非洲转播节目。

右图：欧洲总部内的中庭和媒体墙
摄影：Tim Soar

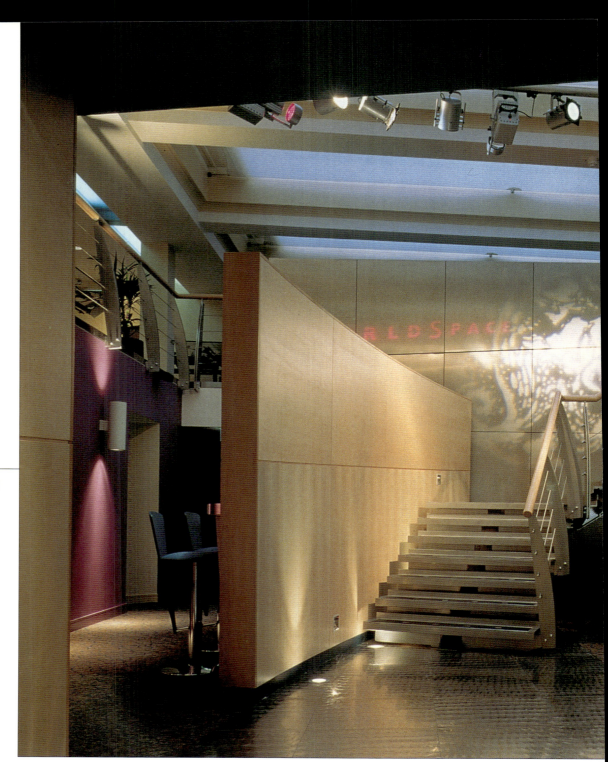

上图：欧洲总部的会议室，位于古老的建筑结构内

下图：欧洲总部媒体中心

欧洲办公总部的功能实施部分仰仗于实地安装的各类基础设施，包括大量独立式机械和电气系统、抬高的地面设计、先进的环境控制系统以及符合工效性原理的空间设计；由于这处功能要求苛刻的设施同时肩负向客户和访客的展示职责，所以成为这里俨然一个展厅。为了接通"美洲之星"的转播内容，公司还开发了这处25000平方英尺（约2323m²）的欧洲办公总部和主技术部，它位于伦敦的媒体区Soho广场4~6号。尽管非洲的听众更关心公司节目的质量，但伦敦办公总部则集出色的办公场所和欧洲形象的有力象征于一身；这座古老的木结构建筑内如今安置着3层办公空间，包括转播工作室、卫星连接中心、办公区以及围绕着一处两层空间的中庭而设的接待区。新世纪的卫星转播行业正面临一个振奋人心的开端。

OP·X

Net 2000 Communications
Herndon, Virginia
Net2000 通讯公司
弗吉尼亚州，赫恩登

准备好！开始！出发！如同有一个商业竞争对手将一枚定时炸弹放在公司门阶上一样，市场的紧迫感不断加快高科技设施的发展。Net2000通讯公司这家新兴的高科技公司，员工薪金在4个月之内翻了一番，于是公司聘请OP·X公司为公司450名员工在弗吉尼亚州赫恩登设计一处126000平方英尺（约11700m²）的3层办公机构。公司不仅考虑到设计这处网络服务中心、客户服务中心与总机时的成本节约，而且充分关注员工工作环境的品质。于是，应运而生的是大量团队协作区、会议室和与点缀开放式工作区相间隔的静室、充裕的自然采光与间接照明设计，以及1:200的办公密度，无一不让人觉得身心愉悦。

顶图：董事会议室
上图：大堂
左图：封闭的静室
摄影：Hoachlander Davis Photography

OP·X   **Hunton & Williams** 亨顿和威廉律师事务所
         Washington, D.C. 华盛顿特区

右图：天窗之下的接待区
下图：文秘办公区
摄影：Alan Karchmer

尽管律师行业一直趋于保守，但是新科技、全球经济以及通讯交通网络的迅猛崛起正稳步改变着这一行业。例如，正是同充满活力的员工和技术要求保持一致的设计理念构建了亨顿和威廉律师事务所华盛顿办公机构。设计由OP·X公司完成，共110000平方英尺（约10220m²），包括接待区、专用办公间、会议中心、服务设施以及健身中心；整个办公空间基于四缘办公隔间布局，在不影响门和纵向天窗的前提下进行改造；此外，另一辅助空间布局在使用时也无需任何实物改动。

整个设计全力体现华盛顿地区律师办公空间所具备的材料经久耐用以及工艺精良。

OP·X

1120 19th Street, Washington, D.C.
第19大街1120号 华盛顿特区

左上图：大堂内景
右上图：门廊外观
摄影：Maxwell Mackenzie

现在不假封面而鉴书的读者都很难涉猎甚广；而精明的商务地产商也愈来愈领会到现代社会中设计的重要作用，改造商务办公楼大堂，以全新的时尚设计迎接租户和访客。因此，房地产开发商和地产管理商JBG公司请OP·X公司改造华盛顿市中心第19大街1120号一座商务办公楼的大堂，但是要求采用新的设计手法。OP·X公司的翻新改造不能改变原建筑的空间维度及原来的石灰石材料及其他装饰。出于必要，设计师采用静态天花吊顶以及引入铰接挑檐的普通立面的手法，为室内增添了一种前行的动感，而且玻璃立面上方的穹顶更赋予了建筑一个全新的标志性形象。

Oliver Design Group

奥利弗设计集团公司

One Park Plaza
Cleveland
Ohio 44114
216.696.7300
216.696.5834 (Fax)
www.odgarch.com

Oliver Design Group

The Hammer Company Headquarters
Cleveland, Ohio

海默公司总部
俄亥俄州，克利夫兰

左图：品酒间
上图：酒窖
下图：走道
对面页图：大厅
摄影：Dan Cunningham

位于克利夫兰的海默公司是一家久负盛名的酒类进口商和批发商，公司要求奥利弗设计集团公司为其50名员工设计一处独一无二的18000平方英尺（约1672m²）的标准办公总部。业主提出两个明确的设计要求：其一，在有限的预算内营造一处都铎式的环境；其二，将市场活动和商业行为融入到娱乐之中。整个室内除了需要一般办公机构必需的经理办公间、办公总区、服务设施及会议室等设施之外，还需要品酒间、酒窖、美食厨房和报告厅等特殊设施。设计富有灵感，借用各种真真假假的材料，并且设计了一处大厅，将商务活动同日常办公分离开，但是又相隔不远便于工作。丹尼尔·海默说，"我们都为拥有这处新的办公空间而自豪。"

Oliver Design Group
俄亥俄储蓄广场和公园广场
俄亥俄州，克利夫兰

Ohio Savings Plaza and Park Plaza Public Spaces
Cleveland, Ohio

左图：俄亥俄储蓄广场
对面页图：电梯厅
左下图：俄亥俄储蓄广场的保安办公台
摄影：Dan Cunningham

正如第一回尝试、首次工作、初次约会一样，第一印象对房地产公司同样至关重大；然而没有什么地方能像大堂那样更容易给人留下难忘的第一印象了。因此，克利夫兰市中心一幢多租户商务办公楼的所有者——俄亥俄储蓄广场和公园广场，聘请奥利弗设计集团公司为其设计一系列优雅宜人的大堂空间和公共空间，以便在竞争激烈的市场中吸引更多的新租户。设计师充分利用有限预算，尽可能地再利用了一些原有元素，只是在必要时添加新的设计元素，并且重新设计了地面、墙面和照明。俄亥俄储蓄广场资深副总裁戴维·古德伯格说，"现在我们的大堂现代、坚实、优雅。奥利弗设计集团公司的设计确实出色"。

Oliver Design Group

Eaton Corporation World Headquarters
Cleveland, Ohio

伊顿公司世界总部
俄亥俄州，克利夫兰

左图：走道
下图：办公区的玻璃隔墙
对面页图：会议室入口
摄影：Dan Cunningham

伊顿公司是一家汽车引擎配件生产商，位居《财富》500强之列，最近在建立公司克利夫兰世界总部时采用了全新的办公空间设计标准，一改以往基于等级差别的传统准则，主张更加开放更加自由的设计要求；这种默默的变化意义却极为深远。这种变化在奥利弗设计集团公司营造一新的室内随处可见。例如，在经理办公区，专用办公间墙体均为透明或半通明玻璃，既保证了私密性又鼓励光线的介入。办公总区的专用办公间略小一些，也使用半透明墙体；而经理和主管使用的开放式布局工作区的办公台同样也采用玻璃隔断。新设的培训中心功能灵活，尽可能满足各式会议及各种团体的需要；此外，培训中心还配有休息区以及各种活动的家具设施。新纪元在伊顿公司新的办公空间中已清晰可见。

Oliver Design Group

The Technology Learning Center
Cuyahoga Community College
Cleveland, Ohio

Cuyahoga 社区大学，技术培训中心
俄亥俄州，克利夫兰

左上图：建筑外观
右上图：电化工作台
摄影：Al Teufen

时间会证明是否互联网及其他信息科技将把众多在校大学生变成远程教育学员。目前，奥利弗设计集团公司为克利夫兰的Cuyahoga社区大学设计的一处35000平方英尺（约3252m²）的技术培训中心，不啻为一次大胆的初步尝试，探索为250名学员和商务人员提供最新技术支持的6个电化教室的空间需求，并且配备150张电化工作台，为学生及教职工独立学习提供技术性帮助。技术培训中心位于室内一个中心讲座厅的增建部分，鼓励学生相互交往，并且保证一定的监控职能，展现出网络空间亲切友好、人情味浓浓的氛围。

Perkins & Will

珀金和威尔事务所

800.837.9455
gary.wheeler@perkinswill.com
www.perkinswill.com

Atlanta
Charlotte
Chicago
Los Angeles
Miami
Minneapolis
New York
Paris

Perkins & Will

DiamondCluster International
Chicago, Illinois

钻石国际
伊利诺伊州，芝加哥

左上图：开放式布局工作区
右上图：数字化设备的大堂
摄影：Christopher Barreett / Hedrich Blessing

以前人们的印象中，任何纯粹的电子商务界人士似乎都应该是身着T恤牛仔的20来岁的年轻人，终日在仓库改造的办公间里没日没夜地工作。现在，美国商界逐渐发现了电子商务对于提高B2B交易的速度、精度及宽度的巨大潜能。钻石国际致力于电子商务策略咨讯，最近聘请珀金和威尔事务所为其设计一处60000平方英尺（约5575m²）的芝加哥办公机构，供300名员工使用。年轻的钻石国际发展迅速，需要在有限的工期和预算范围内，实现一个真正CEO标准的办公环境，而且设施要求多功能并激励团队协作意识。

设计师采用鸟眼纹枫木、乌木、花岗石、漆器、不锈钢和玻璃等材料以经典的国际风格营造了一处包括接待区、精致的办公区、团队协作空间、培训设施、数字化设备大堂及IT环境支持的精良的办公空间，难怪来客无一不印象深刻。年轻的企业正在成长。

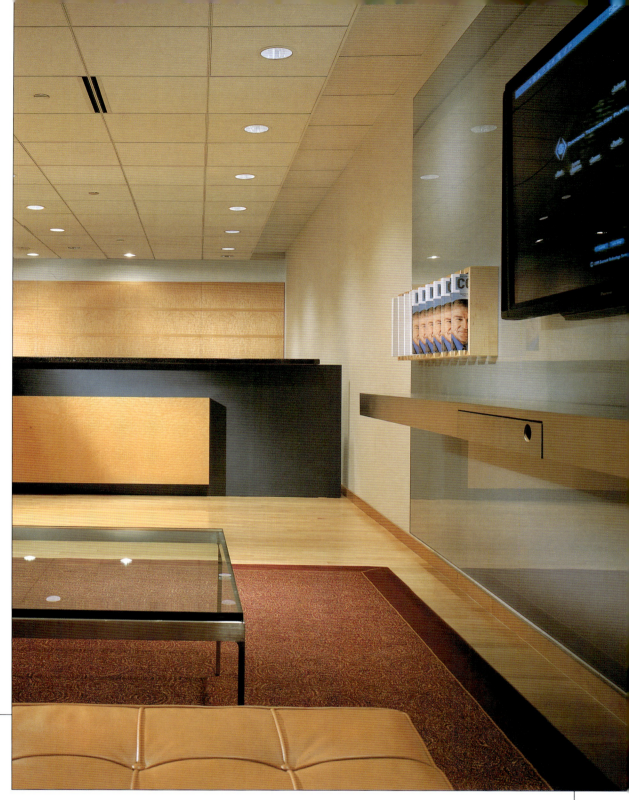

右图：接待区
下图：展示架细部

Perkins & Will

The Goodrich Company
Charlotte, North Carolina

古德里奇公司
北卡罗来纳州，夏洛特

右图：三层中庭
下图：经理办公间
摄影：Christopher Barrett / Hedrich Blessing

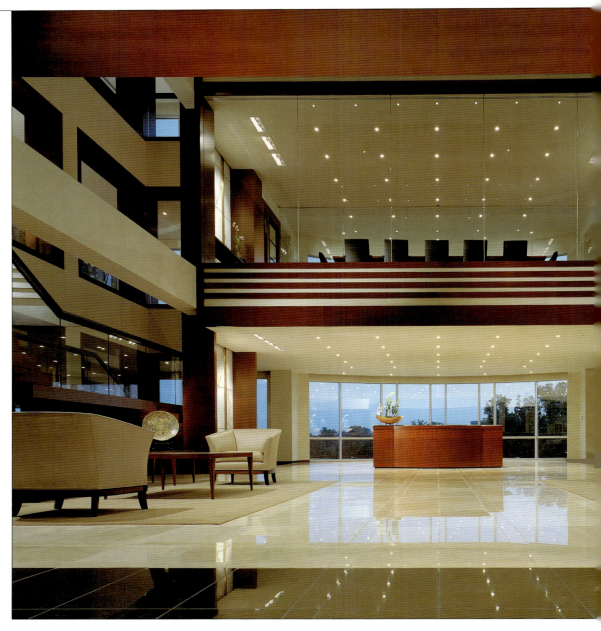

　　并不只是孩子们才会费解成人为了谋生究竟在忙些什么。由于工作性质日益复杂化、多学科化、分工化，甚至同一企业内部的员工对同事们所具体从事的工作也知之甚少。因此，在为古德里奇公司设计这处位于北卡罗来纳州夏洛特市115000平方英尺（约10685m²）的航空材料与工程工业产品办公总部时，珀金和威尔事务所从一开始就表现出与众不同之处。业主首先明确了一些传统的功能要求，如经理办公区、办公总区、董事会议室、会议中心、培训室、电视会议设施、计算机/服务中心及餐厅等。然而，业主还需要三层主楼面上下贯通，便于员工相互之间洞悉各自的工作情况。最终的设计是一处精良优雅的现代风格办公空间，全部会议室、电视会议室和培训设施均

围绕中心一个3层中庭布置。古德里奇公司CEO戴维·本纳评论说,"赞美之言在我们夏洛特新办公机构内处处回响。"

上图：董事会议室，室内雕塑为公司艺术藏品
右图：从会议室看向中庭楼梯

Perkins & Will

American Hospital Association
Chicago, Illinois

美国金融集团
纽约州，纽约

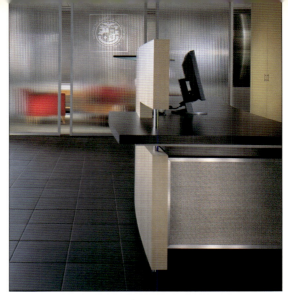

怎样才能不露痕迹地将一处空间划分为3个部分？珀金和威尔事务所在为美国医院协会设计其芝加哥办公机构时就遇到了这样的问题，这处办公场所提供给协会3个非公益部门的175名员工，共有两层，总面积42000平方英尺（约3900m²）。为了加强各部门职能，设计组采用了整洁优雅的现代室内设计，大量使用铝框粘结结构全高玻璃隔墙和门，便于增员时重新组装。原有的悬垂灯饰均为间接照明，利于室内计算机工作环境。整个室内设施包括开放式工作间、专用办公间、会议室、协作办公空间、团队协作区、会谈区、预约式工作区，以及为之服务的接待区。设计不俗，受到广泛好评。

上图：办公总区
顶图：接待区
右图：会谈空间
对面页图：协作办公区
摄影：Christopher Barrett / Hedrich Blessing

Perkins & Will

Swiss Re America U.S. Headquarters
North Castle, New York

Swiss Re America 美国总部
纽约州，北城堡

左图：入口阶梯大厅
右上图：餐厅
左下图：办公总区
摄影：Eduard Hueber / Arch Photo, Inc.

大公司像航空母舰一样，其日常操作与同行业的小公司截然不同。为了完成 Swiss Re America 位于纽约州北城堡的3层320000平方英尺（约29730m²）的美国办公总部的设计，珀金和威尔事务所与鲁和比布洛维奇事务所通力合作，大规模地演绎了员工的优越境遇和改造的灵活性。办公空间采用3个标准化模板，配备符合工效原理的座椅。充沛的日光充分保证了照明质量。地板被抬高6英寸（约15cm），电力、声音和数据系统则安置在地板之下，便于检测。除了诸如培训室、就餐区和健身中心等生活设施外，室内还有一些私密空间供员工使用，从而使这处空间宽敞而舒适。

Perkins Eastman Architects PC
珀金 – 伊斯特曼建筑师合伙人公司

115 Fifth Avenue
New York
New York 10003
212.353.7200
212.353.7676 (Fax)
www.peapc.com
info@peapc.com

Charlotte
Pittsburgh
Stamford
Toronto

Perkins Eastman Architects PC **Mount Sinai/NYU Health Executive Offices New York, New York** 西奈山/NYU 保健公司，经理办公 纽约州，纽约

如何以公道的价格提供高品质的保健服务多年来一直困扰着这家保健服务公司,但是这个喧闹的世纪更有益于人们认识到设计对于医疗成果的促进作用。西奈山/NYU保健公司是一家著名的医疗保健管理机构,最近邀请珀金-伊斯特曼建筑师合伙人公司为其在纽约设计一处为21名职员服务的12400平方英尺(约1152m²)的经理办公机构。为了将经理办公套间和会议中心综合安置在这个北立面开有一片天窗的狭长建筑内,设计师添设一条中心行政人行通道,其北为会议室,其南为经理办公间。设计师将基础建材与安尼格模板及舒适的家具设施完美融合,营造出温馨迷人的办公环境,充分反映了当代消费者对保健服务的需求。

左图:接待区
上图:董事会议室
下图:中心行政人行通道
摄影:Chuck Choi

Perkins Eastman Architects PC

Consumers Union
Yonkers, New York

消费者联盟
纽约州，扬克斯

消费者联盟对全国消费产品进行值得信赖的测评，现在它又以同样的执着勤勉开发位于纽约州扬克斯市的办公总部和检测中心，甚至对窗饰到运动器械进行逐一检测。珀金-伊斯特曼建筑师合伙人公司负责完成对这处供600名员工使用的241000平方英尺（约22390m²）的办公机构的设计，其中171000平方英尺（约15886m²）为改造，另外70000平方英尺（约6504m²）为扩建。任何访客都会发现这处空间相当实用，而且还格外舒适宜人。整个设计职能明确。每一处设计均充分考虑预算的最优化使用。工业化的设计语汇充斥各处空间，不仅由于功能的相互契合，更为了节约成本；此外，也尽可能地关注到生态与能源问题。诸多对此类细枝末节的精细企划，将消费者联盟"以身作则"的姿态公布于世。

左上图：检测部室内中庭
右上图：通向餐厅的坡道
右图：餐厅
左图：西翼中庭楼梯
对面页图：西翼中庭
摄影：Chuck Choi

Perkins Eastman Architects PC HealthMarket Incorporated 健康市场公司
Norwalk, Connecticut 康涅狄格州，诺沃克

右图：夹楼层通向"鱼缸式"会议室的天桥
左下图：花园酒吧
右下图：专用办公间
对面页图：通向董事会议室的走道
摄影：Addison Thompson

健康市场公司位于康涅狄格州诺沃克市，是一家依托网络的保健服务公司，网络速度的工作效率在此毫不稀奇。因此，要求珀金－伊斯特曼建筑师合伙人公司在6个月内完成54000平方英尺（约5017m²）的办公空间改造也在情理之中了。但是，在这么短的工期之内为210名员工提供专用办公间、开放式工作区、会议室、团队协作区、休息区和全职厨房等诸多设施，需要建立与建筑师、业主、施工经理和材料供应商的密切合作关系。沟通合作无时不在，公司的经理们也参与建设这处增员迅速的办公场所。最终的设计在开放式布局的办公环境内，雪松和重型钢材并未引发员工的任何抱怨之言，而当初针对设计投票时，只有8人赞同。

Perkins Eastman Architects PC

American Financial Group
New York, New York

美国医院协会
伊利诺伊州，芝加哥

左图：接待区
下图：餐厅
底图：开放式布局办公区
摄影：Chulk Chvi.

如何在有限的预算和工期内营造一处精致先进而又令人难忘的办公空间，吸引那些精明的电子商务客户？美国金融集团这家电子商务公司聘请珀金－伊斯特曼建筑师合伙人公司在纽约为其设计一处14230平方英尺（约1322m²）的办公机构，从而安置56名员工。业主开敞清新的设计要求通过公共空间奇特别致的改造得以满足，设计师在室内大量应用丙烯酸板、拉毛粉饰、铝结构部件和石板等基本材料。整个设计中最为突出之处是悬墙的动感设置，隔断并非通高设计，而是悬置于天花板和地面之间，当然需要排除私密性和安全性要求较高的区域。无论是"简单的复杂"还是"复杂的简单"，设计确实卓有成效。

Preston T. Phillips Architect
普瑞斯顿·菲利普建筑师事务所

P.O. Box 3037
Bridgehampton
New York 11932
631.537.1237
631.537.5071 (Fax)
www.prestontphillips.com
ptparch@aol.com

Preston T. Phillips Architect

The J. Jill Group Corporate Headquarters
Quincy, Massachusetts

J.Jill 集团公司总部
马萨诸塞州，昆西

左图：穿过入口中庭看向接待台
左下图：经理办公间及办公间内会议区
上图：董事会议室，会议桌与吊顶凹槽相呼应，精心布置的艺术品同室内格调浑然一体
对面页图：中庭天桥下方的低层接待区
摄影：Peter Aaron/Esto

女人最需要什么？在女装市场，最大的挑战在于在经典久远的品位与取悦职业女性的时尚风格之间作出明确的定位。J.Jill集团在这个竞争激烈的女装市场脱颖而出。这是一家目录销售商，目前有一家零售店。普瑞斯顿·菲利普建筑师事务所为其设计了公司主要设施，包括公司办公总部、分销中心及零售店。设在麻省昆西市的办公总部有两层，共72000平方英尺（约6690m²），提供给140名员工使用。整个设计体现了设计师对业主提出的设计要求的充分关注；设计要求包括接待区、会议室、董事会议室、经理办公区、设计实验室、生产车间、放映间、休息区及开放式布局工作区。由于时装行业的办公设施需要满足许多独特的工作条件，设计师兼容并蓄了各类办公环

境的特色,从暴露出建筑结构的大统间加工车间到流光溢彩的中庭、装饰精良的经理办公区及各种会议设施;所有考究的装饰均体现J.Jill的品牌。正如任何一个职业裁缝那样,J.Jill格外推崇工艺。公司CEO戈登·库克说,"我们请普瑞斯顿·菲利普建筑师事务所为我们设计办公空间和零售店,要求设计体现我们企业注重功能、强调与众不同以及精工细作的理念。这在他的设计中得到了反复体现"。客户满意对于建筑业和时装业都是同样重要。

下图:创意及拍摄区,弧形墙体可粘贴图片

右顶图：董事会议室外的过道成为艺术藏品的展示空间
左顶图：休息区，室内众多员工设施之一
上图：设计工作室，暴露出建筑结构

Preston T. Phillips Architect

The J. Jill Group Distribution Center Tilton, New Hampshire

J.Jill 集团分销中心 新罕布什尔州，蒂尔顿

众多网络公司最终都发现，分销实施作为"旧经济"产业的一项经营技能，是任何通过目录、电话或网络销售产品的商业行为的必备法宝。同样，J.Jill集团，作为一家女装行业目录销售商，在日益发展零售业的同时，也充分认识到分销的重大意义，因此聘请普瑞斯顿·菲利普建筑师事务所为其设计一个最新型的分销实施中心，提供给新罕希什尔州蒂尔顿的350名员工使用。设计师设计的接待楼设有餐厅和健身中心；而90000平方英尺（约8361m²）的行政楼则设有专用办公间、开放式布局工作区、会议设施以及一个12000平方英尺（约1115m²）的24小时话务中心，全部为一个400000平方英尺（约37160m²）的分销中心服务。为了保证分销中心的顺利建成，业主同建筑师密切合作，营造了一处最佳工作环境，尤为显著的是对自然光与户外景观的利用以及众多生活设施的安设，员工们在这样的空间内感到十分舒适，就像J.Jill品牌的服饰给人的感觉一样。

左上图：话务中心局部
右上图：二楼开放式布局工作区，看向室内中庭
右图：餐厅楼上的健身中心
右下图：餐厅，暴露出原建筑结构，上方为老虎窗
下图：薄暮之中的单层餐厅建筑，左为行政楼，右为分销中心一角
对面页图：楼梯处醒目的霓虹雕塑
摄影：Bruce T. Martin

Preston T. Phillips Architect

The J. Jill Group Retail Store Portland, Oregon

J.Jill 集团，零售商店 俄勒冈州，波特兰

右图：零售店内展现的整体展示概念
下图：从入口门厅看向店内，左为附属房间
摄影：Strode Photographic LLC.

消费者亲自走入喜爱的商品目录店会有什么样的感受？这同样也是 J.Jill 集团这家著名的女装邮购代办商请普瑞斯顿·菲利普建筑师事务所为其设计一个零售形象店的良苦用心。为了将目录图片上的服饰加以立体展现，勾勒出年轻女士独自一人或带着一个小孩子在家里或风景优美的自然环境中的图景画面，设计师营造了由纤维、石板、塑料、漂白木材和缎镍等材料包装的各式空间，迷人的店面外观向内凹陷，装饰着褶状布帘的门厅对顾客散发出无穷的魅力。从属房间到主销售区以及弧形墙和后面的试衣间，流水之声处处可闻。J.Jill 的客人，欢迎回到家里来。

Richard Pollack & Associates
理查德 – 波拉克合伙人事务所

214 Grant Avenue
Suite 450
San Francisco
California 94108
415.788.4400
415.788.5309 (Fax)
www.RPAarch.com

Richard Pollack & Associates

The Hamel Group
Oakland, California

海默尔集团
加利福尼亚州，奥克兰

在网络公司的繁荣将先进的办公空间推向设计前沿之前，海默尔集团对理查德-波拉克合伙人事务所（RPA）颇有好感，相信他们的设计会与众不同。作为一家生化行业的就业管理公司，设计需要表达技术内涵同时还能够吸引工作其中的员工。设计的中心要素（亦即成功的关键所在）在于延展并环绕的复杂印象，空间结构反映了从外部世界进入内部的感受——从粗糙到细腻。这样的空间构形，辅之以环绕型照明设计，绝对具现代感，而且相当互动。由于公共空间和专用办公环境以无所不在的形式环绕室内并穿插在空间之中，整个室内具有强烈的连通感和空间感。多层结构、稳固而又富有动感。海默尔集团的办公空间表现了科学与艺术的完美平衡。

左上图：顾客接待台
上图：会议设施，围合在室内中心区域
对面页图：公共空间隐设在自由式雕塑之间
摄影：Jon Miller / Hedrich Blessing

Richard Pollack & Associates

Nonstop Solutions
San Francisco, California
不间断方案公司
加利福尼亚州，旧金山

右图：位于平面布局中心的咖啡厅
摄影：Jon miller / Hedrich Blessing

不间断方案公司决定将办公机构改造成为E型空间，理查德－波拉克合伙人事务所精心地进行设计，将E型空间的每一条分支分别划分给3个部门，并将公共空间设在中心，这样不同部门之间相互交往，感觉就像一个团队。整个设计中尤为显著的是别具一格的椭圆形吊顶细部，将各部分空间联系结合在一起。室内中心的咖啡厅与大堂相连，营造出交往的空间氛围并且也成了即席工作场所；整个工程中精心挑选的家具设施可以无限度地组装扩充。室内的E型布局非常有利于采光，在大多数的工作空间内都可享用靠窗席位。不间断方案公司的设计要求简单明确：设计应充分利用原建筑结构的优势，营造出现代充满活力的商务环境，具有趣味性、功能性和灵活性。

左图：会谈区点缀整个开放式布局办公区之中

上图：接待区内高科技与仓库建筑的融合

Richard Pollack & Associates

Charles Schwab Denver Call & Data Center
Denver, Colorado

查理·斯克瓦布丹佛话务及数据中心
科罗拉多州，丹佛

上图：玻璃艺术描绘了这处信息通道

顶图：长线视野被有意打断，增添亲切感

对面页图：广阔的开放式布局平面由于一些封闭空间而显得柔和

摄影：Chris Barrett / Hedrich Blessing

当你拨打某机构总机服务的800分区号码时，你是与话务中心的工作人员通话，然而与此同时几百位电话销售商至少需要一仓库的工作人员进行电话定单处理。早期话务和数据处理中心的工作条件不尽人意，但是不断增多的工作人员正在努力改善他们的工作环境。位于科罗拉多州丹佛市的查理·斯克瓦布丹佛话务及数据中心由理查德－波拉克合伙人事务所设计完成，4层，150000平方英尺（约13940m^2），提供工作、培训、饮食及娱乐各种设施。整个设计中融入了现代风格的家具、先进的设备、精致的照明设计、明快的色彩以及新型的建筑体系，全体1000名员工都深感舒适宜人。查理·斯克瓦布公司的客户可能从来都不知道话务中心总机服务人员在哪里工作；但是，他们一定对话务中心所提供的优质服务深表满意。

Richard Pollack & Associates

Productopia
San Francisco, California

Productopia 公司
加利福尼亚州，旧金山

网络公司及相关企业已充分检验了建筑师和室内设计师在紧张的工期、紧缩的预算以及不可预知的空间和人力需要的条件下完成工作的能力。混乱之中不乏设计佳作，正如理查德－波拉克合伙人事务所为旧金山的 Productopia 公司完成的设计。Productopia 公司通过网络为数十种商业目录中的顶级消费品提供"公允的产品建议"。他们需要一处实用的办公环境，并能保证最终升级，拥有特色鲜明的家具设施、办公产品和平面设计。这处设计优雅的办公空间总面积为 15840 平方英尺（约 1472m^2），供 100 多名员工使用。尤为显著的是，轴线形的吊顶板充满动感，色彩布局丰富鲜丽，在有限的空间内为这家初出茅庐处于新股发行前期的公司营造了一处朝气蓬勃、成本节约并且规模灵活的办公环境。

上图：会议室内醒目的经典"乔治·尼尔森式"（George Nelson）照明设计
左图：悬置的吊顶和隔墙界定出接待区空间
摄影：Sharon Risedorph, Sharon Risedorph Photography

RMW architecture & interiors
RMW 建筑设计事务所

160 Pine Street
San Francisco
California 94111
415.781.9800
415.788.5216 (Fax)
info.rmw.com

40 South Market Street
4th Floor
San Jose
California 95113
408.294.8000
408.294.1747 (Fax)

555 Fifth Street
Suite 200
Santa Rosa
California 95401
707.573.0715
707.573.3056 (Fax)

1718 Third Street
Suite 101
Sacramento
California 95814
916.449.1400
916.449.1414 (Fax)

2601 Blake Street
Suite 400
Denver
Colorado 80205
303.297.2400
303.296.0122 (Fax)

www.rmw.com

RMW architecture & interiors

KnightRidder
San Jose, California

骑士公司
加利福尼亚州，圣何塞

尽管在北加州硅谷最为显著的就是计算机硬件软件工业的欣欣向荣，但是此处的其他经济领域也相当兴盛。事实上，骑士公司是美国第二大报业公司，最近将办公总部从佛罗里达州的迈阿密迁至圣何塞菲阿蒙广场一座享有盛名的都市办公塔楼中；这处 40000 平方英尺（约 3716m²）的 2 层办公机构由 RMW 建筑设计事务所负责设计。这家拥有 31 家报刊和 33 家网站的出版商是如何实现年度总收入 29 亿美元，并且位列硅谷第 14 大公共股公司和《财富》杂志第 14 强的？答案听起来相当可笑：是地理位置。即使在网络时代人们也依然注重人际之间地理距离的亲近。

右图：接待区广泛采用环状形式，界定出在公司新办公总部俯视硅谷景观的视野

摄影：Scott McDonald / Hedrich Blessing 1999

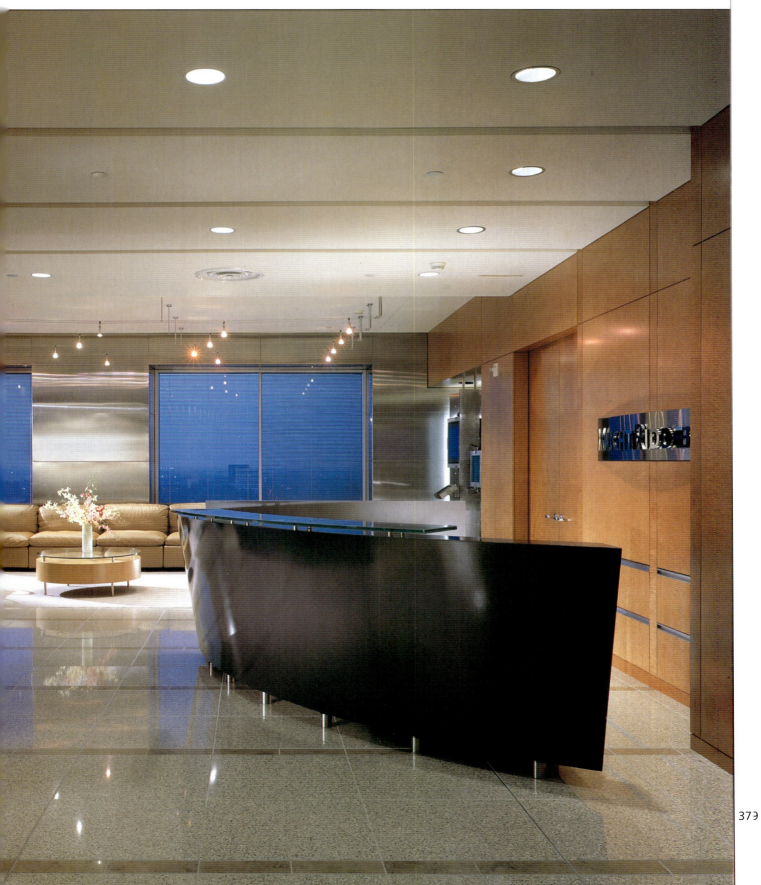

下图：会议室体现了新型信息科技与室内明快现代风格的完美融合

右图：自然光倾泻在走道上，透过硬木框玻璃隔断照入封闭式专用办公间

左下图：餐厅及休息区，兼具各种灵活的功能设施
下图：大大小小各种规格的会谈区满足不同客户需要，也可举行各类活动

骑士公司需要设计公司完成以下两个主要目标：1. 在这个高科技社区树立公司的中心地位；2. 营造一处独特舒适的办公环境，并且充分利用自然光线和户外的开阔景观。最终的设计为业主营造了一个开敞、空阔并且充满活力的环境，专用办公间被安置在每一层的四缘，开放式办公区、服务区和公共空间占据室内中心区域；中性的色彩布局成为一道背景，烘托出室内色彩鲜亮、图案斑斓的木材、石材、水磨石、亚光金属和花纹玻璃。骑士公司是否符合硅谷独特的企业文化？办公空间的出色设计已使其独领风骚。

RMW architecture & interiors

KPMG LA
Los Angeles, California

KPMG LA 公司
加利福尼亚州，洛杉矶

右图：接待区不失庄重，却随意轻松
下图：室内一些会议室通观室内室外
对面页图：室内楼梯鼓励员工相互交往
摄影：Peter Malinowski / Insight Photography 1999

温斯顿·丘吉尔的论断——我们通过建造建筑塑造我们自身——早就为一些洞察力强的商界精英所认同，建筑和室内设计以其强烈的视觉功效辅助经营策略的实施。空间环境通过形式、尺度、比例、平衡、照明、色彩和材料传达出可知可触的秩序感，空间的使用者总是对他们所处的位置了如指掌。例如，KPMG LA 公司与 RMW 建筑设计事务所共同开发了一处 155000 平方英尺（约 14400m²）的 6 层办公机构，用作本地区另外 4 个机构的办公中心，并且孕育"无级差、高度互动以及开放合作"的企业精神，加强与庞大的员工机制以及源源不断的客户沟通。设计充分反映了业主全新的信念，并且"早就应该进一步阐明"团队合作、开放、诚实沟通、全体投入、"无界限"、领导服务以及个人职责等原有的6个核心价值。

上图：交往休息区鼓励员工进行激烈的讨论

左图：界定空间的一种方式是打破网格割据

下图：预约式办公间

新的办公空间兼备专用办公间（30%）和开放式布局办区（70%）；此外还有各式公共空间，如大的交往休息区、培训区和小的咖啡区。设计尊重当地商家青睐的传统的视觉语言，并加以新型、明晰、引人入胜的现代阐释，体现了KPMG在当代会计师职业中的地位。温斯顿先生，以上理念和设计对吗？

RNL Design

RNL 设计公司

1515 Arapahoe Street
Tower 3, Suite 700
Denver
Colorado 80202
303.295.1717
303.292.0845 (Fax)
www.rnldesign.com
rnldesign@rnldesign.com

Los Angeles
Orange County, CA
Phoenix

RNL Design

XOR Inc.
Boulder, Colorado

XOR 有限公司
科罗拉多州，博尔德

工作一天是不是简直就像登山？进入 XOR 有限公司 60000 平方英尺（约 5574m²）的 2 层办公空间之前，你需要翻越仿造的落基山脉。XOR 有限公司是一家管理服务公司，为客户量身打造电子商务申请，为打算以最大灵活性最小风险斥资网络的公司提供系统管理。公司总部和管理服务中心设在科罗拉多州博尔德市，RNL 设计公司担纲设计。一堵毫不起眼的墙只不过是别具一格的设计的序曲；这处设施是一个改造的库房建筑，供公司 280 名员工使用。日益膨胀的公司需要更多的空间安设专用办公间、开放式布局办公区、监控中心、会议中心、游乐室和健身中心，既要造价不高、功能实用，还要轻松亲切、引人注目。需要注意的是：在新的办公空间人们不再需要开放式布局的标准办公台、吊顶和 2×4 灯具等传统办公空间设计手法。设计师充分满足了业主的这一需求，精心策划并利用各种资源，在接待区采用品质精良的设施，而在其他地方则使用个性化的设置，从而设计出一个高效的办公空间，即使带着宠物来上班也不会干扰正常工作。

左图：会议中心和低层接待区之间的天桥
下图：二楼会议室
左下图：会议室和监控中心
对面页图：主厅，看向监控中心
摄影：Edward LaCasse

RNL Design

Storage Technology
Louisville, Colorado

存储工艺公司
科罗拉多州，路易斯维尔

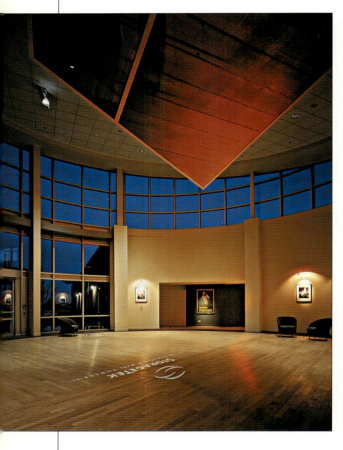

　　RNL 设计公司在科罗拉多州路易斯维尔市储存工艺公司办公园区设计的"东端咖啡厅"非常受员工青睐，甚至这家数据存储公司的经理们也纷纷惠顾，连刚刚为他们建好的专用餐厅都无暇光顾。这个咖啡厅，综合设置了中庭、餐厅、自动售货柜台、专用就餐区和会议空间，是"成功的事业来自出色的办公环境"这场办公空间改善运动的产物；而且，这里还是招待来访者、客户以及将来雇员就餐和进行非正式会谈的"门面"。无论就餐者选择室内哪处座位，休息区、酒吧、宴会席或圆桌就餐区，他们都为有这样一个"门面"欣慰不已。

左上图：中庭
上图：咖啡厅外观
对面页图：餐厅
摄影：Jerry Butts

RNL Design

Towers Perrin
Denver, Colorado

桃斯·皮兰公司
科罗拉多州，丹佛

左上图：开放式布局办公区
右上图：接待/会议区
对面页图，下图：专用办公间
摄影：Edward LaCasse

丹佛人非常珍视他们所拥有的美景，对于那些会损害落基山脉秀丽景观的工业发展，总是毫不犹豫地挺身阻拦。因此，毫不奇怪，RNL设计公司为桃斯·皮兰公司设计其丹佛办公机构时，格外重视对户外景观的处理。这处办公机构功能多样，总面积17500平方英尺（约1625m²），为70名员工提供服务；室内各种设施，从专用办公间、开放式布局工作区、会议室、休息区到为管理部、人力资源部、金融服务部各部门服务的密集的档案室都反映出设计师对户外景观的关注。通过一道旋转门，接待区可以分享会议室窗外的风景；旋转门一打开，这里便有充足的空间召开全体员工大会。室内房间兼具多种功用，可以方便地另行组装，用于培训等其他功能；专用办公间的末端是开放式布局办公区，通过点缀其中的休闲座席区强调一种开敞通畅的感觉。这例获奖佳作除了平面布局出色之外其他过人之处不一而足。室内采用的建筑材料有樱桃木、花岗石、品质优良的地毯以及漂亮的布艺，丹佛美丽的全景就这样被妥善定格在办公空间之内。

RNL Design

PCS Solutions
Vancouver, British Columbia
Canada

可看，但不可接触！PCS方案电信公司聘请RNL设计公司为50名员工在加拿大不列颠哥伦比亚省温哥华市设计了一处16000平方英尺（约1490m²）的办公机构，这里展示的是方案渲染图。PCS公司在此进行电信硬件的研究和检测，因此设计师将这里设计为产品创新的展厅。来访者的"参观途径"被巧妙地加以限制，只可介入四缘的专用办公间和中心的开放式布局办公区，从而保证了必要的安全性和机密性。截然不同的是，大厅内充满想像力和色彩丰富的抽象化电子部件则毫无保留地展现在来访者眼前。

上图：电梯厅
右图：大堂/接待区座席
远处，右图：大堂/接待台
摄影：Edward LaCasse

Roger Ferris + Partners
罗杰·费瑞斯与合伙人事务所

90 Post Road East
Westport
Connecticut 06880
203.222.4848
203.222.4856 (Fax)
www.ferrisarch.com

Roger Ferris + Partners

**Sempra Energy Trading
Stamford, Connecticut**

桑姆普拉能源交易所
康涅狄格州，斯坦福

上图：交易大厅
右图：建筑外观
摄影：Michael Moran

不需要改动原建筑结构，在合理的成本预算内就可以营造一处高科技和高度灵活性的办公环境，这是许多公司选择仓库建筑的原因。圣迭戈的一家能源产品批发交易和销售商桑姆普拉能源交易所便是成功的一例。交易所在康涅狄格州斯坦福得到一个20世纪40年代的仓库，聘请罗杰·费瑞斯与合伙人事务所将其改造为现代风格的办公场所，为250名员工提供一个100席位的交易大厅及其他办公辅助设施。从建筑外观看，清除了一部分砖墙立面，插入崭新的幕墙和入口门厅，室内的交易大厅清晰可见。在室内，原有的网状格栅花窗和窗台被暴露出来；专用办公间和会议室均由铝材竖框的玻璃隔断围合；另外室内诸如不锈钢、大理石和枫木等材料赋予这个几乎开敞的室内轮廓明晰的形象，而这种感觉对库仓建筑来说，简直难以想像。

顶图：办公服务区
右上图：大厅
右图：会议室

Roger Ferris + Partners

AIG Trading Corp.
Greenwich, Connecticut

AIG 贸易公司
康涅狄格州，格林尼治

下图：交易大厅
摄影：Michael Moran, Ed Huber

交易场所并不适合那些性喜安静沉思的人。交易往往在喧闹热烈的气氛中进行，交易商同时应对多部电话，参考显示屏上一系列信息，倾听新公告发布，在整个房间里大声叫嚷。然而大多数的办公环境却要尽量避免出现这种情形，因此交易商不能随便进入办公区。AIG贸易公司位于康涅狄格州格林尼治，是一家能源产品批发交易商和经销商，现在聘请罗杰·费瑞斯与合伙人事务所为其设计一处115000平方英尺（约10684m²）的办公机构，设施要求包括专用办公间、餐厅和健身中心等，力图为385名员工营造一处功能实用、技术先进而又美观宜人的办公环境。设计师出色地完成了业主的要求，交易商们依然按照原来的方式工作。

上图：专用办公间
右图：经理办公区
下图：会议室

Roger Ferris + Partners

Creditanstalt
Greenwich, Connecticut

奥地利银行康涅狄格州格林尼治办公机构
康涅狄格州，格林尼治

上图：接待区
右图：交易大厅
下图：行政服务区
摄影：Michael Moran

　　将银行业务与贸易活动结合在一起需要融合两种不同的文化。银行业务的开展通常需要封闭式的、给人以亲切感的环境，力图增进合作关系，并且保证机密性。交易行为多在开放沟通前提下大张旗鼓地进行，需要机构提供及时共享的信息资源。这两种商务行为融合之完美，在罗杰·费瑞斯与合伙人事务所所完成的75000平方英尺（约6970m²）的奥地利银行康涅狄格州格林尼治办公机构的设计中展现得淋漓尽致。这处设施包括专用办公间、交易大厅、行政服务区和餐厅，总体上采用经典现代设计的寻常语汇，突出强调室内的樱桃木家具设施。然而，在交易大厅则采用高科技组合式家具、间接照明以及开阔通畅的视野，从而取代了办公区的主调风格。

左图：会议室
右图：专用办公间

Roger Ferris + Partners
帕斯餐厅
康涅狄格州，南港

Paci Restaurant Southport, Connecticut

尽管美国人现在不再像从前那样主要依靠铁路上下班，但是他们还是很珍视那些保留下来的火车站。罗杰·费瑞斯与合伙人事务所将古老的康涅狄格州南港火车站精心改造成了10000平方英尺（约929m²）的帕斯餐厅，可谓改造设计的典范。设计师在这座砖结构建筑室内安插入酒吧、服务区、浴室和厨房之前，首先清除掉所有曾经改造的痕迹。焕然一新的现代风格的设计元素统治着整个室内，简洁、纯粹而又不失现代；室内夹楼层还设有棚车大小的服务区，安设有座席；此外，厨房墙面上耸然一个巨大时钟，欢迎用餐的客户品尝佳肴美味。

左图：主餐厅
右图：厨房墙上醒目的钟表形象
上图：夹楼层就餐区
摄影：Michael Moran

RTKL Associates Inc.
RTKL 建筑师事务所

Baltimore
410.528.8600

Dallas
214.871.8877

Washington
202.833.4400

Los Angeles
213.627.7373

Chicago
312.704.9900

Denver
303.824.2727

Memphis
901.624.1600

Miami
305.461.3131

London
44 (0) 20.7306.0404

Tokyo
81 (0) 3.3583.3401

Hong Kong
52.2166.8944

Madrid
34 (0) 91.426.0980

www.rtkl.com

RTKL Associates Inc.

PricewaterhouseCoopers Fairlakes
Fairlakes, Virginia

PricewaterhouseCoopers

弗吉尼亚州，费尔湖

左上图：中央柱廊，亦称作"花园小径"
右上图：会议中心
右图：座席区，亦称作"花园露台"
对面页图：自助咖啡/饮品吧，亦称作"凉亭服务区"
摄影：Jeffrey Jacobs

哪条路可以通向树林？RTKL 建筑师事务所的设计小组注意到 PricewaterhouseCoopers 咨询集团公司的员工深深向往户外的费尔湖风景，因此在原有办公空间内特意添设了一处被称作"办公庭园"的公共空间和一个多功能的会议中心。扩建部分提供多功能服务，接待源源不断的宾客和交流员工，力图加强员工、顾问和客户之间的相互交往，为他们提供一处非正式小组会谈及齐备的培训场所。设计师从城市公园中汲取灵感，整个"办公庭园"包括"凉亭服务区"、"花园露台"和"花园小径"；"凉亭服务区"内设有咖啡/饮品吧和预约式亭间，"花园露台"内布设各种座席，用于小组会谈，并且配备支持笔记本电脑工作的线路系统，还有大屏幕随时发布信息；"花园小径"起到主通道的作用，将入口前厅、电梯与楼下的会议中心和办公总区联接起来。尽管这里可能没有小鸟，可是又有哪个公园配备了网络系统？"花园小径"旁边，柱廊座席区的吊顶采用独特的氢纶布艺，给人以凉亭的暗示。预设了调光系统以后，一天之中室内光线从红色到蓝色再到红色渐变。

RTKL Associates Inc.

William M. Mercer
Baltimore, Maryland
威廉·梅瑟公司
马里兰州，巴尔的摩

工期：10周之内完成17000平方英尺（约1580m²）的办公空间改造；项目：36个专用办公间、开放式布局工作区内36张工作台、2个会议室、1个图书室、2个工作间和1个餐厅，共有员工75人；业主：威廉·梅瑟公司；设计单位：RTKL建筑师事务所。当业主和设计师相互之间明白了做什么和怎么做之后，他们定会成果斐然。业主需要明亮、开敞、全新的办公环境，展现咨询顾问公司的品质与精英形象；此外，还需要为员工营造一处功能实用的办公场所，满足对边缘办公区、储存空间和高密度布局不断增长的需求；设计源于业主的多种需要，最终荣获嘉奖。由于设计师和业主首先制定好办公空间的标准，巴尔的摩办公机构的平面布局很快就定了下来。项目的成功也得益于其他具体问题的处理：专用办公间处理有效，被安置在室内四缘，玻璃隔断和侧窗将自然光从室外导入四缘的专用办公间和会议室；高密集度的档案室设在办公主区之外；此外，室内采用了樱桃木家具、石板及花岗石地面、不锈钢金属制品、环绕照明以及直线型空间内的弧形隔墙。而所有这一切，仅用了10个星期便完成了。

左图：接待区
对面页图：会议室和通向接待区的走道
下图：接待区内沿墙而设的软座
摄影：Maxwell Mackenzie

RTKL Associates Inc.

Concert Commerce Park
Reston, Virginia

康瑟公司商务园区
弗吉尼亚州，雷斯顿

尽管在网络时代临窗专用办公空间可能还没有过时，但是确实兴起了其他许多办公布局方式。康瑟公司是一家全球通信公司，聘请RTKL建筑师事务所负责公司弗吉尼亚州雷斯顿的3层办公楼的改造工程，并将原有19间专用办公间安置在一处约62030平方英尺（约5265m²）开放式商务园区内。因此，318名员工被安置于开放式布局办公环境中，享受着阳光的照耀以及周围的自然风光；这样的环境有助于加强员工相互交往和团队合作。除了会议室、办公单间和计算机中心之外，这里还设有团队协作区、轻松的休息区以及一个方便的服务"中心"，提供复印、传真、打印和邮件等各种服务，另外还分区散布一些餐具室。设计完成后，整个空间焕然一新，加之原有高科技设计特有的钢板、酰基板和碎木板，这个设计成为说服其他公司放弃临窗专用办公间的有力证据。

上图：看向电梯厅
右图：接待区
对面页图：会议区入口
摄影：Maxwell Mackenzie

RTKL Associates Inc. **Artesia Technologies Rockville, Maryland** Artesia 科技公司 马里兰州，罗克维尔

对于办公空间，现在的高科技公司都想同时满足两种需要：一方面选用仓库建筑以显示其前卫姿态；另一方面又要求环境同到访客户身份相匹配。鉴于此，软件开发顾问公司 Artesia 科技聘请 RTKL 建筑师事务所为其在马里兰州的罗克维尔设计一处 25000 平方英尺（约 2323m²）的办公场所，提供给 140 名员工进行产品展示和客户培训。客户在 Artesia 科技公司室内的网吧可以亲自接触软件，也可以在精心安置的会谈空间与员工会见，还可以围聚在"示范区"，"示范区"也可用作展示间。真是一个可爱的车库。

上图：接待区
右图：Artesia 科技公司室内的网吧
摄影：Judy Davis / Hoachlander Davis Photography

Sasaki Associates, Inc.

佐佐木建筑师事务所

64 Pleasant Street
Watertown
Massachusetts 02472
617.926.3300
617.924.2748 (Fax)
e-mail info@sasaki.com
www.sasaki.com

900 North Point Street
Suite B300
San Francisco
California 94109
415.776.7272
415.202.8970 (Fax)
e-mail sanfrancisco@sasaki.com

Sasaki Associates, Inc.

Monitor Company
Cambridge, Massachusetts

Monitor 公司
马萨诸塞州，剑桥

Monitor 公司是如何成为一家迅速发展的管理顾问公司的？佐佐木建筑师事务所在设计 Monitor 公司 155000 平方英尺（约 14400m²）的麻省剑桥办公总部之前，进行了问卷调查，当时 450 名员工对办公总部的描述：富有创意、勇于创新、简单平实、精巧独特、兼收并蓄、风格显著而且温馨宜人。工程完成后，设计师营造了一处进行咨询业务和客户接待的最佳场所，作为对全体员工要求的应答。正式与非正式空间沿"主街"而设；"主街"是贯穿整个室内的一条主要通道，一端设有一个公众厅，可以举行热烈的聚会，而另一端则是一个"思想厅"，用于安静的商榷。"厚墙"围合的办公邻里区、服务中心、壁龛和"店堂"，使得室内的"预约式办公间"、培训室、咖啡吧、休息区及其他空间更为活跃，保证员工充沛的精神面貌。

左图：休息俱乐部
远处，左图：咖啡吧
左上图：客户休息区，后面是会议室
对面页图：主街
摄影：Edward Jaboby

Sasaki Associates, Inc.
帝国大街拉菲尔公司，会议中心
马萨诸塞州，波士顿

State Street Lafayette Corporate Conference Center
Boston, Massachusetts

这是对21世纪办公空间设计的典型挑战：设计一处会议中心，将建筑本身同视听电视会议设备结合起来，充分展示平面以及图像效果。佐佐木建筑师事务所与杰克·摩顿设计公司携手为帝国大街的拉菲尔公司设计了一处10000平方英尺（约929m²）的会议中心，展现了建筑与印象效果的完美融合，敦促公司金融产品与服务的经营。会议中心是帝国大街拉菲尔公司整个项目的核心部分，此项目总面积为410000平方英尺（约38100m²），每层80000平方英尺（约7432m²），为公司1800名员工提供开放式布局工作区、专用办公间、计算机和通信中心、全球人力资源部及餐厅等设施。会议中心环绕中心一个"大厅"而设，来访者在此可以查阅具体行程；设计师将平面和图像系统作为窗户处理，框之以高档现代的室内装饰，樱桃木、花岗石、蚀花玻璃、地毯、布艺和精良的家具，赋予这家高科技全球经营金融公司更为人性化的形象。

对面页图：室内中心的"大厅"
右图：展示间
左下图：会议室
右下图：接待区套间及客户区
摄影：Edward Jacobs

Sasaki Associates, Inc.

CO Space Services
Atlanta, Georgia

CO 空间公司
佐治亚州，亚特兰大

上图：经理会议室
左图：休息区，通向策划室
左下图：接待区和经理会议室
对面页图：经理会议室的视听廊
摄影：Jonathan Hillyer

假如公司希望保证充足的电信、数据存储和相关网络设备，就一定需要像 CO 空间公司这家 24 小时工作的全国网络公司那样，综合配置各种新型设备，包括充沛的电力及供暖制冷设施。CO 空间公司 4000 平方英尺（约 372m²）的亚特兰大会议中心由佐佐木建筑师事务所负责完成。这里作为公司麻省伯灵顿新址的一部分，意欲建设成公司的信息工具，为潜在客户与投资商展示各种信息。设计师同业主通力合作，首先明确公司任务、形象及产品区分度，同时还确定了必需的设施，从较大的电视会议室到支持笔记本电脑"登陆"的较小的会议空间。各种形式、材料、色彩、照明和视听设计纷纷映入来访者眼帘，吸引他们成为公司的客户。

Sasaki Associates, Inc.

Cabot Corporation
Boston, Massachusetts

凯伯公司
马萨诸塞州，波士顿

凯伯公司办公总部位于波士顿海港中心东塔楼，约66000平方英尺（约6132m²）由佐佐木建筑师事务所新近设计完成。身处这样一处办公总部，波士顿每个市民都会思索自己的全新形象。凯伯公司是一家特种化学制品生产商，是波士顿当地的支柱产业，设计师需要精心营造办公环境，并且力图同公司生产传统保持一致。

室内的连接楼梯模仿船的舷梯，唤起人们对公司石油船运部门的联想。上方的库门围合出会议室。天花板完全暴露出建筑的结构。室内采用水泥板和清水墙，取代了硬木和石板。所有办公间规格均为140平方英尺（约13m²），餐厅揽括了主要的水面景观，所以兼作公司的城市广场。对波士顿来说，这是全新的一页。

上图：不锈钢玻璃楼梯，将会议空间同办公空间连接起来
摄影：Lucy Chen

SCR Design Organization, Inc.
SCR 设计组织

305 East 46th Street
New York
New York 10017
212.421.3500
212.832.8346 (Fax)
www.scrdesign.com
info@scrdesign.com

Affiliates in Principal Cities of the World

SCR Design Organization, Inc.

Van Wagner Communications, LLC
New York, New York

范·瓦格纳信息公司
纽约州，纽约

在网络时代还能看到户外广告吗？驾车沿美国任何一条街道行驶，你将会惊异地发现：几乎任何人都无法躲避户外广告。事实上，不论是加州硅谷的高科技企业还是纽约时代广场旧经济的坚守者，同样都急于捕获公众的关注。相反，作为一家悠久的户外广告企业，范·瓦格纳信息公司却提供了大量先进标牌艺术的范例，在设计中综合采用数字化展示、光纤及其他高科技元素。然而最近由SCR设计组织新近设计完成的公司14875平方英尺（约1382m²）的纽约办公总部，将公司经营历史的辉煌业绩展现得淋漓尽致。

经理办公区、办公总区、文员办公区、会议设施、餐厅和接待区风格非常现代，采用枫木、皮革、东方地毯和做工精良的家具，无一不显示出范·瓦格纳信息公司将继续独领商务世界户外广告风骚。

上图：经理办公区
右图：董事会议室
对面页，上图：接待区
对面页，下图：公共走道
摄影：Peter Paige

SCR Design Organization, Inc.

Archipelago
New York, New York

群岛公司
纽约州，纽约

左图：董事会议室
右上图：接待区
右下图：行政办公区
摄影：Peter Paige

根据对纽约、伦敦、法兰克福及其他金融中心的考证，全电子证券交易所的未来不再遥远。因此，诸如群岛公司等数家电子交易所正为之而努力。在35000平方英尺（约3252m²）的芝加哥办公总部之外，群岛公司最近请SCR设计组织为其新建一处35000平方英尺（约3252m²）的纽约办公机构。新的办公空间有机融合了交易领域最新型的科技。

然而室内专用办公间、会议室、40席位的交易大厅、行政办公区、广播区、数据中心、接待区和餐厅等处的布局和设计却依然着力体现传统的设计理念和自信的形象。因此，设计师在设计中巧妙地将工艺先进的设备同石材、金属和玻璃等天然材料结合起来，向客户暗示：电子交易的新世界，风采依旧优雅依旧，而且更加舒适亲切。

SCR Design Organization, Inc.   Blondie's Treehouse
Mamaroneck, New York
布隆迪树屋
纽约州，玛玛隆内克

左下图：经理办公间
摄影：Peter Paige

库房改造的花园式办公环境，对于银行或律师事务所而言可能并不相宜。但是，这种设计理念对布隆迪树屋却再适合不过了。布隆迪树屋是一家著名的室内景观设计和园林专业公司，最近迁入纽约玛玛隆内克一处 21000 平方英尺（约 1950m²）的办公场所，设计由 SCR 设计组织完成，真正将户外引入室内。办公空间开敞通透，平面布局包括开放式工作区、会议室及附带的展示间、设计工作区、仓库及存储空间。室内的存货，那几乎一园子的室内植物，再加上业主和设计师亲自精选摆饰的古玩器物藏品，全然奠定了整个空间的氛围。名为布隆迪树屋的公司理应拥有一处刺激而又奇特的办公环境，而这个让人难忘的设计就这样如期而至。

左上图：接待区
右上图：办公总区
上图：会议室

SCR Design Organization, Inc.

BrokerTec Global, LLC
Jersey City, New Jersey

经纪科技全球公司
新泽西州，泽西城

科技重新塑造我们的生活，每一天我们中间都有许多人成为时代先锋。经纪科技全球公司便是其中之一，它拥有60名员工，是一家固定收入证券及同类证券内部交易商电化经纪所，由几家世界著名的证券交易商联合创立。最近，公司迁入SCR设计组织秉承尖端科技设计完成的一处15000平方英尺（约1394m²）的新泽西办公机构。交易大厅、专用办公间、开放式布局工作区、会议室、计算机中心、接待区、厨房和存储区等设施的完成，需要巧妙权衡科技与人的需求。因此，除了大批计算机外，在24小时工作的计算机中心室内和现代化设备控制的交易台上，还配备了无反光悬置灯具、自动喷洒灭火系统和充足的交互式家具设施。在这样一个多变的世界，明天似乎总是来得比较早。

上图：交易大厅
右图：交易台
摄影：Peter Paige

Skidmore, Owings & Merrill LLP
SOM 建筑设计事务所

14 Wall Street
24th Floor
New York
New York 10005
212.298.9300
212.298.9500 (Fax)
somnewyork@som.com
www.som.com

224 South Michigan Avenue
Suite 1000
Chicago
Illinois 60604
312.554.9090
312.360.4545 (Fax)
somchicago@som.com

One Front Street
Suite 2400
San Francisco
California 94111
415.981.1555
415.398.3214 (Fax)
somsanfrancisco@som.com

30 Millbank
3rd Floor
London SW1P 4SD
United Kingdom
(0) 20.7798.1000
(0) 20.7798.1100 (Fax)
somlondon@som.com

Skidmore, Owings & Merrill LLP

New York Stock Exchange
30 Broad Street
New York, New York

纽约证券交易所，布罗德大街30号
纽约州，纽约

右图：专业人员交易工作台
下图：交易大厅的夹楼层
对面页图：交易大厅
摄影：Peter Paige

纽约证券交易所正在搬迁。尽管还是留在纽约，可是作为一家世界最著名的证券交易所，它的办公场所应该导引创新之浪。SOM建筑设计事务所设计完成的布罗德大街30号43000平方英尺（约3995m²）的增建部分，堪称一个检验现代技术和人际交往方式的车间。整个室内以3处焕然一新的交易场所为中心，每一处均设有16个专家席位以及较大单间，电气设备完善，并配备有齐全的UPS系统、供暖制冷设备和服务设施。这可能就是证券交易所的未来。

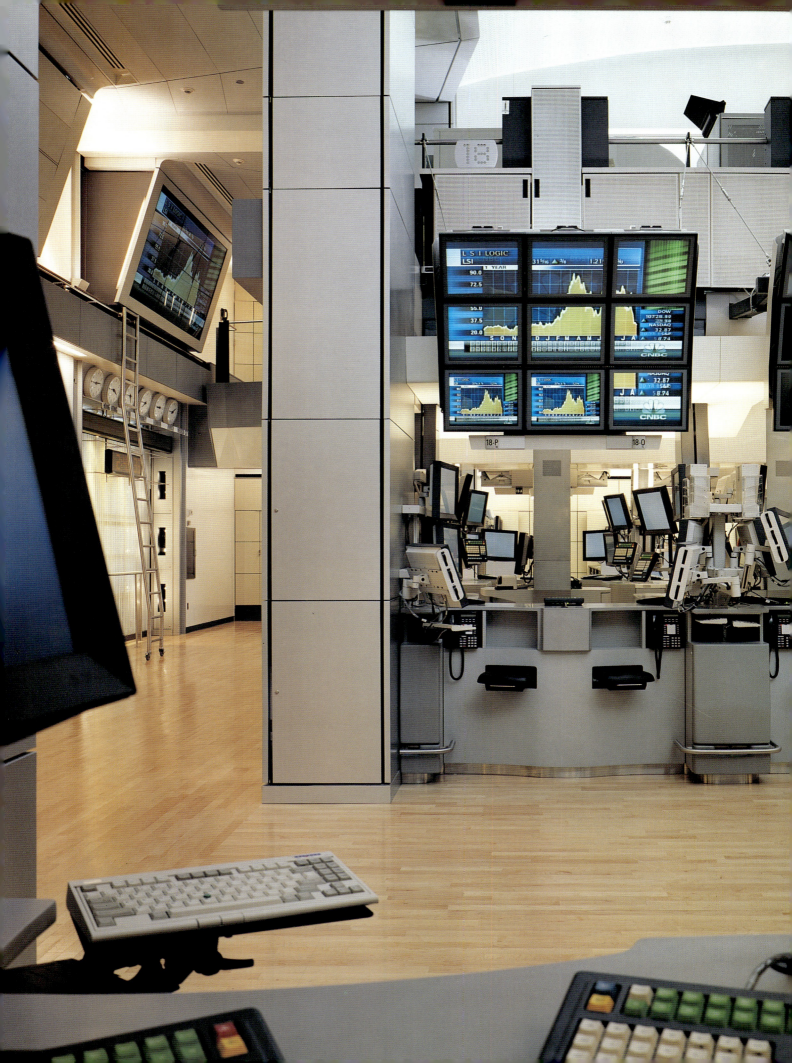

Skidmore, Owings & Merrill LLP

Training Facility for a Financial Investment Company
New York, New York

某金融投资公司的
培训设施
纽约州，纽约

设想一处先进的培训设施，借鉴全国著名商务学校的培训技术，营造一处配备视听科技和互联设备的培训中心，对纽约一家著名金融投资公司的员工而言，这样一处培训设施并非只是一个充满诱惑的假想。这家公司新建一处 35000 平方英尺（约 3252m²）的培训中心，由 SOM 建筑设计事务所负责设计，室内设施包括一个 200 席位的报告厅、一些教室和技术室、一个餐饮中心和其他服务设施。整个设计着重强调培训教育方法的多样化。此外，教室里均安设最新型的技术设备，用于培训公司员工全方位地了解公司情况。室内还有一个计算机中心，配有先进的高科技投影系统和一些独立式培训台。为未来作准备为什么不能有多种方式呢？

右图：休息区
对面页，下图：报告厅
下图：培训室
摄影：Durston Saylor

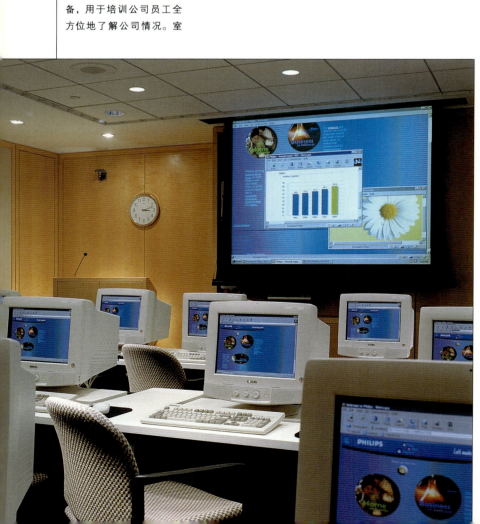

Skidmore, Owings & Merrill LLP

Recording Industry Association of America
Washington, D.C.

美国唱片工业协会
华盛顿特区

对于美国唱片工业协会这样一个机构,其成员的产品大多可听不可视。机构在迁入新址时充分关注自己的形象,新的办公机构位于华盛顿康涅狄格大街1130号,总面积22000平方英尺(约2045m²),由SOM建筑设计事务所负责设计。设计师在设计中着重考虑如何展现与公司相宜的形象以及工期、预算等问题。最终在6个半月之内,在员工密切配合之下,事务所完成了这处办公机构的设计。设计理念注重在"办公邻里区"之内平均划分开放式工作区和专用办公间;"办公邻里区"是专用办公间、开放式布局工作区、会议室、非正式会谈区、餐厅和复印室的空间组合,分别为不同部门服务。色彩丰富、现代的材料遍布整个空间;尤为显著的,还有20世纪30年代、40年代和50年代经典现代派风格的家具。无论下个十年美国人听什么唱片,这处设计在现代的风貌之下已完美地传达了唱片工业协会的使命。

对面页图：接待区
左图：餐厅
右上图：专用办公间外的会谈区
右图：开放式布局工作区
摄影：Jose Santa-Cruz（上图） Andrew Lautman（其他各图）

Skidmore, Owings & Merrill LLP

Heller Ehrman White & McAuliffe
San Francisco, California

海勒·恩曼·怀特和迈考里夫律师事务所
加利福尼亚州，旧金山

左图：行政服务区
下图：大堂

海勒·恩曼·怀特和迈考里夫律师事务所是旧金山最知名的一家律师事务所，由于在上个世纪90年代的迅速发展，需要重新审视目前办公空间的性质和格局。SOM建筑设计事务所受任负责策略规划、室内设计和平面设计。这处办公场所位于SOM建筑设计事务所设计的布什大街333号一座办公塔楼内的11层空间，总面积160000平方英尺（约14865m²）。SOM建筑设计事务所在这个设计中对"未来律师事务所"进行了全面展望。新办公空间的设计旨在激励员工之间的相互沟通和团队合作，采用灵活性强的半遮蔽式开放布局工作区，鲜亮的色彩和阳光充斥整个室内。大堂空间格外引人瞩目，重新勾画了这个拥有120年悠久历史的律师事务所的未来。

Smallwood, Reynolds, Stewart, Stewart Interiors, Inc.

斯茂伍德 – 雷诺德 – 斯图亚特 – 斯图亚特室内设计师公司

One Piedmont Center
3565 Piedmont Road
Suite 303
Atlanta
Georgia 30305
404.233.5453
404.264.0929 (Fax)

www.srssa.com
architecture@srssa.com
interiors@srssa.com

100 South Ashley Drive, Suite 350
Tampa, Florida 33602
813.221.1226
813.228.9717 (Fax)

83 Clemenceau Avenue #14-03
UE Square
Singapore 239920
Republic of Singapore
65.835.4355
65.835.4322 (Fax)

Smallwood, Reynolds, Stewart, Stewart Interiors, Inc.

Fortis Family Life
Atlanta, Georgia

福蒂斯家庭生活公司
佐治亚州，亚特兰大

尽管托马斯·曼认为死亡只不过是"生命的一部分和生命的馈赠"，但是我们中间又有多少人赞同他这种说法？这个矛盾可以成为下面这种现象的解释：到亚特兰大福蒂斯家庭生活地区办公机构去过的人都会成为公司的客户或潜在客户。福蒂斯家庭生活是一家著名保险公司，帮助人们提前安排和筹措自己的葬礼，现有有效保单近150万份，固定资产86亿美元。公司地区总部的设计由斯茂德伍德－雷诺德－斯图亚特－斯图亚特室内设计师公司负责完成；为了在这处34000平方英尺（约3160m²）的地区总部以家居氛围突出公司的经营，设计师精心设计了"旅行路线"，这是一道曲线形隔墙和一个天花拱腹，引导来访者在公共空间的活动。现代的家具设计以及由萨佩莱木、石灰石和饰有图案的玻璃装点一新的室内更加烘托出室内温馨亲切、生命有所依托的氛围。

上图：从接待区看到的会议室入口
右图：开放式布局工作区及室内曲线形凹槽照明的拱腹
对面页图：从会议室看向接待区
摄影：Chris Barrett / Hedrich Blessing，Gabriel Benzur（右图）

Smallwood, Reynolds, Stewart, Stewart Interiors, Inc.

Phillips-Van Heusen
New York, New York

菲利普-范·胡森服装公司
纽约州，纽约

顾客是纽约时装周诸商家的目标，但是这场快节奏、热烈的舞台场景只是昙花一现，顾客们可能根本没时间来购买服装。因此菲利普-范·胡森服装公司决定聘请斯茂伍德-雷诺德-斯图亚特-斯图亚特室内设计师公司设计一处140000平方英尺（约13000m^2）的展厅和设计工作室，意在通过上下7层空间树立强大的品牌形象，如 Izod, Bass 及 Van Heusen 等公司品牌和 DKNY, Geoffrey Beene 等特许品牌。

这处办公空间不仅有力地展现公司的生产流程，而且还不断推陈出新，统领当今时装时尚。整个空间风格极"酷"，时尚而灵活，风格别具的建筑形式辅之以独特的照明设计，装饰以混凝土、图纹玻璃、白色漆器、马可尼木护壁及石灰石等材料，标志鲜明，顾客可以方便地找到他们钟爱的品牌。展示幕景后面是设计工作室，同样深得使用者喜爱，充沛的阳光和户外自然风光环绕室内的人们，不断激发他们的灵感，保持品牌持久的活力和对顾客的吸引力。

上图："Bass"品牌展厅
右图："Bass"品牌接待区
摄影：Paul Warchol

左图："Izod"品牌接待区和设计独特的楼梯

右图："Izod"品牌展厅内精妙的照明设计

下图："Izod"品牌设计独特的楼梯及大型图片

Smallwood, Reynolds, Stewart, Stewart Interiors, Inc.

Ahold U.S.A. Corporate Headquarters
Fairfax, Virginia

阿贺德美国办公总部
弗吉尼亚州，费尔法克斯

上图：从条纹玻璃隔墙看向接待区
右图：接待区和钢石结构的主题墙
下图：经理办公区内的文秘工作区
对面页图：办公总区内的开放式布局办公区
摄影：Chris Barrett / Hedrich Blessing

一家在美国设有超市的欧洲零售业巨头将如何包装自己的美国办公总部？荷兰的皇家阿贺德拥有 Bi-Lo, Giant, Wilson Farms, Stop & Shop, Tops and Edwards Super Food Stores 等国际知名品牌；美国阿贺德公司是其下属分公司，公司现决定在弗吉尼亚州费尔法克斯靠近杜勒斯国际机场的地方装置一处40000平方英尺（约3716m²）的办公总部，设计由斯茂伍德－雷诺德－斯图亚特－斯图亚特室内设计师公司承担。阿诺德公司CEO最后决定，室内要求自然采光、精良的室内照明设计和照明装饰，暗示出荷兰的简洁风格。他的指令不仅与那种将管理部门安置于玻璃外观的中心办公间，而将开放式布局工作区安设于室内四缘的办公布局大相径庭，而且激发了设计师独特的设计构思，他们突出运用清水玻璃、条纹玻璃和彩色玻璃以及间接光源和中性化背景色调反衬木制家具。整个设计明亮而活跃，无论在此工作的人们家在何处，在这里都会感到欢欣鼓舞。

Smallwood, Reynolds, Stewart, Stewart Interiors, Inc.

Evergreen Asset Management
White Plains, New York

常青资产管理公司
纽约州，怀特普来

左图：接待区，强调樱桃木和毛面玻璃
下图：别具特色的椭圆形通道
摄影：Paul Warchol

美国几乎有一半家庭都以个人股票或共同基金的形式购买证券，因此常青资产管理公司提出这样的口号可谓再及时不过了，"我们相信一旦公众了解得更多，他们将成为最佳投资商"。公司的投资顾问和资产管理部经理倡导，个体投资者在注册投资顾问的帮助下经专业投资培训后将主宰自己财权的未来。公司聘请斯茂伍德－雷诺德－斯图亚特－斯图亚特室内设计师公司在纽约怀特普来设计了一处55000平方英尺（约5110m²）的办公机构，为75名员工服务。设计一新的办公空间赋予公司优雅独特的形象，迎接并说服生活优越的人们。整个办公空间采用公司风格的装饰，此外一条椭圆形的通道贯通室内；在这样一处办公室内，每一个投资者都深深感到可以"自作主张"。

Spector Knapp & Baughman
斯佩克特，奈普和褒曼事务所

1818 N Street NW
Suite 510
Washington DC 20036
202.332.2434
202.328.4547 (Fax)
www.spectorknapp.com
swilson@spectorknapp.com

Spector Knapp & Baughman

Lend Lease
Washington, D.C.

"租借"房地产公司
华盛顿特区

"租借"房地产公司是世界上经营最为多样化的房地产投资管理公司，在全球统一管理下的房地产投资和抵押投资高达480亿美元，并且还是一家著名的养老基金顾问公司。公司华盛顿分支机构需要一处6800平方英尺（约632m²）的新的办公场所，供18名员工使用，因此特意聘请斯佩克特，奈普和褒曼事务所为其在汉密顿广场公司属下一座著名建筑内新建一处办公空间，要求设计独特富有创新。业主要求空间设计能够鼓励员工之间轻松随意的相互交往，并且最终如愿以偿。有趣的是，搬迁之后变化最大的就是资产和交易部门经理等高级管理人员，他们从原来位于室内四缘的225平方英尺（约21m²）大小的办公室搬至室内中心只有108平方英尺（约10m²）的办公室，搬入由玻璃隔墙、开有纵向天窗的外墙和玻璃门围合而成的"中心聚会区"，四周设有开放式布局工作区、咖啡吧及小组讨论区。最后在公司总部的强烈要求之下，只有资深副总裁的办公间还遵照传统布局，安设在室内一个角落。

左上图："中心聚会区"处的专用办公间
右上图：接待区，外面是会议室
左图：咖啡吧
对面页图：中心聚会区和咖啡吧
摄影：Michael Moran

Spector Knapp & Baughman

Teleglobe
Reston, Virginia
全球电信
弗吉尼亚州，雷斯顿

上图：董事会议室
顶图：入口大厅
右图：餐厅
摄影：Michael Moran

现在很少有哪一天没有几家网络公司停业的，相反，互联网却早已成为最具影响力的通讯媒介。全球电信公司就是一家为全球110多个国家提供互联网连接、电讯和其他相关服务的主要通讯供应商，业绩位居行业前10名，并且是加拿大著名通讯公司BCE公司设在弗吉尼亚州雷斯顿的一家分公司。为了新建一处150000平方英尺（约13935m²）的7层办公总部，提供给585名国际部员工，公司求助于斯佩克特，奈普和褒曼事务所。这家建筑师事务所果断而又经济地完成了设计任务，有选择性地清除原建筑内某些地方，并代之以新型别致的设计元素、装饰和色彩，赋予整个办公空间以精工细作的形象。经理办公间、董事会议室、专用餐厅、会议中心、居主导地位的开放式布局工作区、培训室、计算机和电话总机设施、服务设施、员工餐厅、健身房、淋浴间、更衣室等处设施的精心设计，无一不显示出公司已牢牢地把握住自己的命运。

下图：电梯厅/经理办公分区

Spector Knapp & Baughman

Planned Parenthood Federation of America
Washington, D.C.
计划生育联合会
华盛顿特区

下图：会议室
底图：主管办公室
摄影：Michael Moran

华盛顿的那些古老的大厦可以讲述多少岁月的故事啊！计划生育联合会华盛顿办公机构位于马萨诸塞大街1780号一幢始建于1912年间的装饰风格的建筑内，这里先后曾是私家住宅、比利时大使馆和一家医疗机构"亚特诊所"。现在将其改造为联合会需要的专用办公间、会议室和接待区，因此需要精心平衡修复、重建和现代设计的关系。历史上多次的改造已在建筑内留下累累伤痕，所以设计师将室内完全抽空，重新安置电梯及其他现代建筑需要的功能系统，只是保留了一些容易修复的建筑细部。这是一家世界上最悠久规模最大的自愿计划生育机构，1916年由玛格丽特·桑格（Margaret Sanger）创

建,那时马萨诸塞大街1780号的这座建筑刚刚建成4年;而设计完美融合古老建筑的精华和现代的新鲜血液,尽显此古老机构的迷人风采。

上图:宽大的楼梯
左图:行政服务办公区

Spector Knapp & Baughman

Blackboard
Washington, D.C.

"Blackboard"公司
华盛顿特区

左图：会议中心的任务发布室

左上图：会议中心的接待区

右上图：会议中心内的楼梯

摄影：Michael Moran

"Blackboard"公司迅速发展成为一家知名的高等教育网络基础建设的供应商，公司王牌产品"Blackboard 5 TM"帮助学校实施课程、社团及校园活动网络化。由于每周增员5人，各类设施都有些吃紧，于是公司聘请斯佩克特，奈普和褒曼事务所为其空间布局实行长远规划。为了暂缓紧张局面，设计师在毗邻的一座建筑内找到一处31500平方英尺（约2926m²）只需要稍作改动调整的办公空间，并且指定了系统而有策略的整修方案。这样，在工期进行当中，专用办公间、会议中心、游乐室、话务中心和网络操作中心等设施分期整修时，公司133名员工可依照工期进度分批搬入。毕竟，"黑板"是一个"学习加速器"！

Staffelbach Design Associates Inc
斯塔夫巴切设计合作公司

2525 Carlisle
Dallas
Texas 75201.1397
214.747.2511
214.855.5316 (Fax)
www.staffelbach.com
sda@staffelbach.com

Staffelbach Design Associates Inc

Temerlin McClain
Irving, Texas

特默林·麦克雷恩广告代理公司
得克萨斯州，欧文

左图：中庭
下图：三楼上开放式设计的会议中心
对面页图：从接待区看到的中庭
摄影：Jon Miller / Hedrich Blessing

尽管广告代理公司通常都是以创意取胜，但是任何人来到位于得克萨斯州欧文市的特默林·麦克雷恩广告代理公司的办公总部，仍然会感到意外。这处办公场所约240000平方英尺（约22300m²），提供给670名员工使用。在这里，3层空间围绕一个3层高的开敞中庭，任何人首次看见时都会大吃一惊。这处空间并非一个修饰的符号，斯塔夫巴切设计合作公司的设计赋予它一次具有重大历史意义的突破。为了有利于将部门分立的布局改造为依照客户划分的各个团体格局，公司总裁、CEO和创意部主管一致同意将100%的封闭式办公间布局置换为95%的开放式布局工作空间。然而操作过程却并非轻而易举。斯塔夫巴切设计合作公司的乔·斯塔夫巴切·海恩斯（Jo Staffelbach Heinz）进行了有关员工对办公环境和工作需求的需求鉴定及方案设计，而业主也充分准备好在这处门户罕见充

满沟通元素的空间乐尽其职。整个空间宽敞而不失亲切，带有强烈的秩序感，充分展示了公司的创新灵感。天花板完全暴露，空旷的空间不加分隔，机械系统也不加掩饰，在充满活力的邻里区大量使用金属板，以工作为单元的社区采用开放式布局，以"街道"和"人行道"为界，而不是沿袭传统的隔墙和走廊分区方式。麦克雷恩先生对此大加赞赏，声称"从进入室内的那一瞬间，空间内各处创意非凡的设计已充分体现这是一个充满创造性的团体。"

左上图：走道
右上图：楼梯，壁画和"活力点"
右图：开放式布局工作区
对面页图：在中庭看到的办公区

Staffelbach Design Associates Inc

Boston Consulting Group
Dallas, Texas
波士顿咨询集团
得克萨斯州，达拉斯

在网络时代是否人人都可以9点钟才开始工作而下午5点就能结束工作呢？在互联网面世多年以前，白领们就发现由于对全球经济持续增高的呼声以及笔记本电脑和手机所带来的自由与便通，他们已很难在工作时间与私人时间之间划分一条清晰的界线。波士顿咨询集团是一家著名的管理咨询公司，现在聘请斯塔夫巴切设计合作公司为其设计一处26000平方英尺（约2415m²）的达拉斯办公机构，用以安置96名员工。而业主提出的24小时工作的设施要求，让所有人都非常吃惊。当然，整个设施必须孜孜不倦地满足工作人员必需的充足的工作设施和工作空间，营造一处持久的优雅和高贵。

左图：大厅/接待区
顶图：董事会议室
右图：董事会议室一侧
对面页图：大厅座席
摄影：Jon Miller / Hedrich Blessing

精心研究了业主需求之后，设计师完成的设计包括临窗专用办公间、服务区、会议室、资料图书室及其他休息设施；这个设计荣获嘉奖。整个空间表达了业主需要的功能性和经久性，更在实施之中选材精心，主要采用的材料有瑞士梨木和枫木护壁，石灰岩地面，以及品质精良的家具设施。波士顿咨询集团公司的办公统筹员切瑞尔·高斯深深感受到这处空间的独道之处，他发表议论说，"我们主要目标是办公设施的经久耐用。我们最终如愿以偿，拥有这样一个专业的办公环境，大大超出我们的预想。"

上图：顾问办公室
下图：内勤办公区

Susman Tisdale Gayle

苏斯曼 – 提斯代尔 – 盖勒事务所

4330 South Mopac Expressway
Suite 100
Austin
Texas 78735
512.899.3500
512.899.3501 (Fax)
www.stgarch.com
marketing@stgarch.com

Susman Tisdale Gayle

Applied Computational Engineering & Sciences Building, University of Texas
Austin, Texas

得克萨斯大学,应用计算机工程和科技大楼
得克萨斯州,奥斯丁

有什么能吸引忙碌的科学家和工程师们放下手头的工作，走出来相互交往？得克萨斯大学的应用计算机工程和科技大楼便是一个有效的答复。科技大楼由苏斯曼－提斯代尔－盖勒事务所设计，共180000平方英尺（约16722m^2），5层，供390名教师和研究生使用。大楼内设有计算机和应用数学研究所、电子和计算机工程研究所以及咖啡厅、公共讨论区等生活设施，此外还设有一些协作工作区，如16座～40座的电化座谈室、196座的报告厅以及先进的视觉研究设施；室内一些专用办公间设在四缘，采用透明玻璃横窗和玻璃隔断，充分接纳自然光线。为了鼓励学者们最大限度地利用室内设施，设计师在平面布局内安插了一个中心圆形大厅和4个角落区，通过相互交叉的走道相连，并且在交叉点上添设一些讨论区、复印室和咖啡厅，从而让每一天的会面聚谈都轻松愉快。

左上图：视觉实验室
右上图：报告厅
下图：咖啡厅
底图：楼梯
对面页图：大厅
摄影：Peter Paige

Susman Tisdale Gayle

Susman Tisdale Gayle
Austin, Texas
苏斯曼-提斯代尔-盖勒事务所
得克萨斯州，奥斯丁

建筑师在设计自己的办公场所时会面临亲自检验自身设计能力的挑战，而苏斯曼-提斯代尔-盖勒事务所在挑战自我的过程中受益匪浅。事务所在自己设计完成的"Overlook"办公大楼内，为90名员工营造了一处17500平方英尺（约1626m²）的办公空间。这处空间设计独特、引人注目，在满足团队和工作室经常变化的条件的同时，还鼓励员工之间的相互交往沟通。室内设施包括2个开放式布局办公区、工作间/复印室、封闭和半封闭办公间、会议室、资料图书室和休息区/"绿洲"。设计师在设计中充分利用建筑的L型布局，将空间分隔为更容易控制的较小单元，设置一些宽敞的多用途空间；此外还在建筑端头安排了一些活动区，缓和开放式布局工作区过于空旷的感觉。为了强化沟通交往的重要意义，除总裁之外所有主管的办公间都是只有墙洞而没有门。整个空间向员工和客户显示了无比的自信。

左上图：大厅
右上图："绿洲"/休息区
对面页图：大厅/门厅
摄影：Patrick Wong

Susman Tisdale Gayle

GSD&M Idea City and Studio
Austin, Texas

GSD & M 思想城和工作室
得克萨斯州，奥斯丁

左上图：工作室内的圆形会议区
右上图：思想城大厅
下图：工作室内的斜墙区

想想路易斯·卡罗笔下白色兔屋里的爱丽斯，对这个9英尺（约90cm）高的小女孩来说，世界变得完全不同了。不知得克萨斯州奥斯丁的GSD & M广告代理公司是否有着类似于爱丽斯的感受。公司经历了迅速的发展，从原来290名员工发展到600名员工，现在希望在苏斯曼－提斯代尔－盖勒事务所的帮助下，设计一处新的办公场所，包括原建筑的83000平方英尺（约7710m²）和扩建的54000平方英尺（约5017m²）。前一部分的设计是一个获奖佳作，以大胆而游戏的手法描绘了一个"思想城"，城里工作的员工被安置于一个个"邻里区"，邻里区均围绕一个类似于圆形大厅的中心元素，作为"市镇中心"。公共空间内设有开放式布局工作区、经理办公间、"思想室"、会议室、休息区和接待区。在扩建建筑内，整个办公空间环绕一个类似于学术研究的"工作室"；在此设有办公间、"思想室"和专用电视电影大屏幕剧院，重在发展提高员工素质和培植新的经营项目，如电视、电影、音乐和网络等。

很明显，空间的大小并未限制GSD & M的创意精神。

对面页图：思想城内圆形大厅，或"市镇中心"
摄影：Patrick Wong

Susman Tisdale Gayle

National Instruments
Austin, Texas

国家仪表公司
得克萨斯州，奥斯丁

国家仪表公司（实际上是一家仪表硬件和软件公司）被《财富》杂志评选为100家最适合工作的公司。公司最近建成一处可安置900名员工的232000平方英尺（约21553m²）的奥斯丁办公总部，设计由苏斯曼－提斯代尔－盖勒事务所负责。办公总部的设计充分显示了观念进步业绩斐然的业主如何妥善照顾自己的员工。室内设施包括开放式布局工作区、经理议事中心、客户培训中心、计算机实验室、咖啡厅、厨房和健身中心，营造出一处轻松惬意的环境，既能激发创意而又不失对全球经营总体规划的关注。通过一些细部处理更能领悟空间的精髓：让人精神振奋的几何形体、感官强烈的西南部色彩、天然的建筑材料以及激发交谈合作意识的"绿洲"休息区，更有对"自由平等"的信念，公司总裁的办公台被安排在开放式布局工作区内便是一明证。

左上图：大堂
右上图：建筑外观
右图：走道
右下图：经理议事中心
摄影：Peter Tada

Swanke Hayden Connell Architects
斯旺克·H·康奈尔建筑师事务所

25 Christopher Street
London
England EC2A 2BS
44171.454.8200
44171.454.8400 (Fax)

295 Lafayette Street
New York
New York 10012
212.226.9696
212.219.0059 (Fax)

First Union Financial Center
200 South Biscayne Boulevard
Suite 970
Miami
Florida 33131.2300
305.536.8600
305.536.8610 (Fax)

Kore Sehitleri Cad.
No. 34/2 Deniz Is Hani
80300 Zincirlikuyu
Istanbul
Türkey
90.212.275.4590
90.212.275.5780 (Fax)

1030, 15th Street, NW
Suite 1000
Washington, DC 20005
202.789.1200
202.789.1432 (Fax)

84 West Park Place
Stamford
Connecticut 06901
203.348.9696
203.348.9914 (Fax)

17 Rue Campagne Premiére
75014 Paris
France
33.1 56 54 14 90
33.1 56 54 14 94 (Fax)

www.shca.com

Swanke Hayden Connell Architects

Sotheby's
New York, New York

苏斯比拍卖所
纽约州，纽约

右图：候客区
下图：主销售办公室
摄影：Esto Photographics

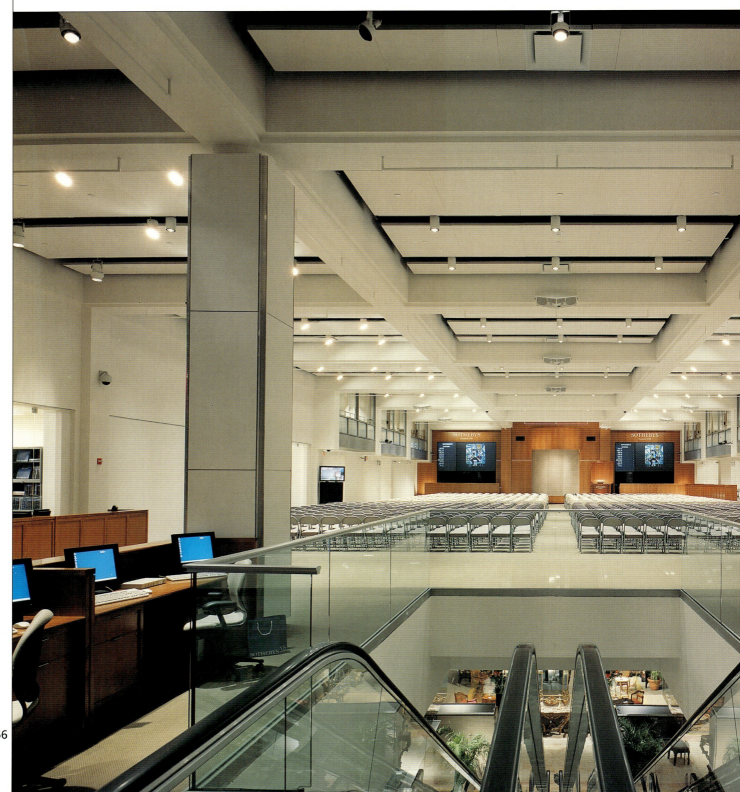

右图：专家区
右下图：小会议室

斯旺克·H·康奈尔建筑师事务所为苏斯比拍卖所设计的新的办公场所集零售店、博物馆、仓库和商务办公为一体，向购买艺术品的顾客展露了这个世界上最大的艺术品拍卖所的独特风貌。艺术品在此直接展示，省略了销售烦琐的准备过程。设计师在整个450000平方英尺（约41805m^2）的10层办公楼内安排了高达23英尺（约7m）的宽敞的展示空间，并且将之与一个玻璃中庭相连。同样让人难忘的是，一度隐置的办公"后区"，围合展示区采用了移动玻璃隔墙之后，也露出真面目，拍卖所的专家们在开放式布局工作区内专心研究他们钟情的艺术品的情形可以一览无遗。顾客乘自动扶梯而上一直到达销售专场或展示专场，途中经过各种各样的展示区。他们将感受到，像这样开敞透明的空间实在少有。

Swanke Hayden Connell Architects
e – Citi
纽约州，纽约

e-Citi
New York, New York

新经济条件下的公司文化是真实的还是像聊天室的空谈？城市集团公司新建的电子商务和网络技术分公司 e–Citi，委任斯旺克·H·康奈尔建筑师事务所为其设计一处 37000 平方英尺（约 3437m²）的两层办公场所，打算将高级管理层从传统的办公间请出来，并安置在开放式布局的办公空间内；同时还要求公平合理地划分办公空间，并且融会贯通新经济的新因素和公司传统的亚洲风味设计风格，力主加强各个楼层之间的联系沟通。最终完成的设计，在清除室内的专用办公间之后，取之以办公套间和团队协作区；办公套间后方开设大窗户，团队协作区安设在空间角落。室内每一层都有一条宽宽的"活动通道"连接各处设施，小组"办公邻里区"和董事会议室、总裁办公室和酒吧都与"活动通道"相连通。公司商务服务部主管迈克尔·唐蒂罗在浏览了这处生机蓬勃的空间之后说，"有谁不想在此坐下来放松一下，与来自某某网络公司的朋友共进午餐，探讨各自的观点，并一个劲儿地说，'你明白我的意思吗？'"

左上图：非正式会议区
右图：洗手间
摄影：Esto Photographics

上图：咖啡吧
右图：办公套间

Swanke Hayden Connell Architects

Ferrell Schultz Carter Zumpano & Fertel, PA
Miami, Florida

费瑞尔－斯库兹－卡特－祖帕诺和费泰尔合伙人事务所
佛罗里达州，迈阿密

右图：办公间
下图：接待区
对面页图：会议室
摄影：Dan Forer

律师行业急于在光耀历史的同时走向未来，现在正尝试把高科技融入到传统办公空间之内。斯旺克·H·康奈尔建筑师事务所设计的费瑞尔－斯库兹－卡特－祖帕诺和费泰尔合伙人事务所24000平方英尺（约2230m²）的迈阿密办公机构就是其中一佳作。室内传统的平面布局包括接待区、位于四缘的专用办公间、位于室内中心的文秘工作区、会议室、指挥中心（兼设图书室）、餐厅和配备齐全的厨房；这些设施往往采用硬木护壁、大理石地板和著名设计大师达库塔·杰克逊（Dakota Jackson）设计的现代家具。而室内也不乏一些入时的细部处理，比如会议桌基座内设接板，支持视听科技和信息技术。所以，未来的感觉也无处不在，而且正在听候调令。

Swanke Hayden Connell Architects

Milbank, Tweed, Hadley & McCloy
New York, New York

18年的时间足以让你充分了解一个人。纽约的密尔班科-特维德-哈德莱和迈克罗伊律师事务所与斯旺克·H·康奈尔建筑师事务所就已神交18载,可追溯到最初这家律师事务所搬入由这家建筑师事务所设计的蔡斯·曼哈顿广场1号那处300000平方英尺(约27870m²)的办公空间时。为了保持办公设施的时尚感,并时刻关注业主的需求,设计师不断重新审视、修改原有设施,并贯彻新的设计方案、平面布局和空间安排。在最近的设计方案中,改造修整之后的办公空间内,会议室焕然一新,专用办公间形式大为改观,还新设一层就餐区;施工全过程丝毫没有干扰业主的日常办公。幸运的是,18年的时间已经让业主与设计师双方彼此十分适应。

上图:接待区
顶图:大会议室
右图:咖啡厅
摄影:Peter Aaron / Esto Photographics

密尔班科-特维德-哈德莱和迈克罗伊律师事务所
纽约州,纽约

The Switzer Group, Inc.
斯维泽集团公司

Tower Place
3340 Peachtree Road, NE
Suite 2120
Atlanta
georgia 30326
404.842.7850
404.842.7851 (Fax)

1221 Brickell Avenue
9th Floor
Miami
Florida 33131
305.377.8788
305.374.6146 (Fax)

535 Fifth Avenue
New York
New York 10017
212.922.1313
212.922.9825 (Fax)

1155 Connecticut Avenue, NW
Suite 300
Washington DC 20036
202.467.8596
202.429.0388 (Fax)

www.theswitzergroup.com
switzer@theswitzergroup.com

The Switzer Group, Inc.

CBS MarketWatch.com
New York, New York

CBS 市场观察网络公司
纽约州，纽约

如果你是通过网络了解最新的、可靠的金融市场信息，那么同样时新可靠的办公环境将会对你大有帮助。正是基于此，CBS市场观察网络公司请斯维泽集团公司负责设计公司位于纽约埃德·沙利文剧院的一处8500平方英尺（约790m²）的办公机构，要求展现活力蓬勃的形象，并且可以实施多种用途。当然，这处设施内一些基础部分包括：暴露在外的风管系统、大梁和光缆管线，还有最新式的电视会议室以及可以拆装组合的家具装置。但是，在这个让员工和客户每天都觉得心旷神怡的设计中，设计师为了展现清新活跃的形象，采用了一些基础材料，比如纤维板、清水墙、油漆、玻璃以及各种奇特的装饰点缀，更为整个空间平添几分前卫感。插入玻璃隔墙之中的接待台，再加上上方水母状的枝形吊灯迅速将您带入网络空间。

上图：接待区
左下图：专用办公间
右下图：会议室
对面页，上图：办公总区
对面页，下图：电梯厅
摄影：Peter Paige

The Switzer Group, Inc.

AXA Advisors
(formerly The Equitable)
New York, New York
AXA 咨询公司（原公正人寿保险公司）
纽约州，纽约

美国公正人寿保险公司最近联合各个分支机构，将曼哈顿地区 1600 名员工统一安置在一处 600000 平方英尺（约 55740m²）的 10 层半办公总部，并且聘请斯维泽集团公司担纲设计。早在工程开始之前，设计师就忙于迁址分析等事宜，参加全公司范围的入住成本研究，形成了以空间有效性和长期使用灵活性为核心的设计理念，并进一步上升为设计师为业主制定的设计标准。设计的结果是一个全新的、开放式布局占主导的办公场所，包括互动专用办公间、便于重新组装的开放式布局办公区、会议室、培训室、计算机室、董事会议室、法律书籍图书室、经理餐厅及员工食堂等；整个设计充分体现了设计师对业主日常事务细致入微的关注以及事务所员工的喜好倾向，提供大量选择供员工自主选择喜爱的家具设施。这次搬迁，对公正公司来说可谓明智之举。

上图：董事会议室
右图：经理餐厅
摄影：Mark Ross

上图：接待区
右图：员工食堂
摄影：Peter Paige

The Switzer Group, Inc.

Pfizer, Inc.
New York, New York

普菲泽公司
纽约州，纽约

左上图：公司就餐区
右上图：多功能厅
右图：专用餐厅
摄影：Cervin Robinson

继续教育和就餐服务对公司和员工同样有益。这也正是为什么普菲泽公司委托斯维泽集团公司为其设计一处新式培训设施和就餐设施，提供给坐落在第42大街东150号的纽约办公总部服务的原因。普菲泽公司是一家世界知名的医药公司，这处55000平方英尺（约5110m²）的设施内设有一个可容纳320人同时就餐的餐厅和另外两个专用餐厅，均配备服务周全的厨房和备膳室，并在休息时间在食品亭供应零食点心，食品亭设在被称作"普菲泽走廊"的会谈接待区。从这里，员工可继续前行，通往新会议室和休息区以及一个可分隔的200座多功能厅，多功能厅成为楼上各层的会议室的补充。多功能厅设计独特，尤为显著的是18英尺（约5.5m）高的拱顶、木板护壁，以及先进的视听设备和符合工效学原理的办公家具。这里足以让任何公司和员工引以为豪。

The Switzer Group, Inc.

Forstmann & Company
New York, New York

福斯特曼公司
纽约州，纽约

左图：专用办公间
下图：室内中心的办公区
摄影：Cervin Robinson

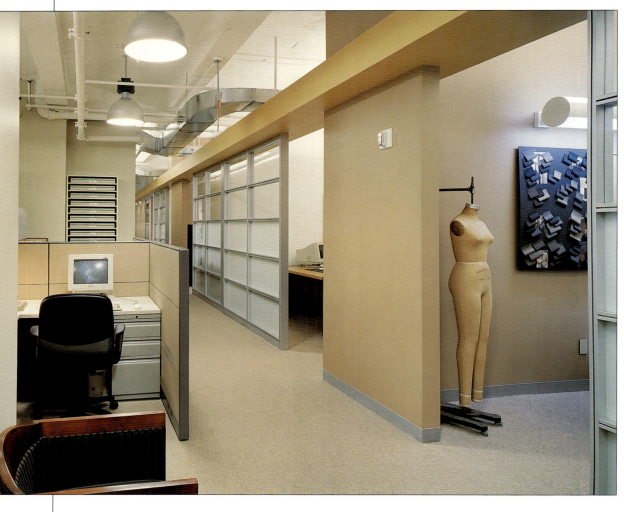

公司的办公布局井然有序，就像公司的产品一样一丝不苟。福斯特曼公司是一家拥有186年悠久历史的木材和毛混服装面料生产经销商，现在聘请斯维泽集团公司为其在纽约时装区设计一处15000平方英尺（约1394m²）的办公总部，供70名员工使用，要求外观吸引人，而又节约成本。室内设施包括接待区、专用办公间、展厅、中心办公区、调色间、信件/复印中心、餐厅和存储间，整个设计风格简洁、现代。室内的天花板、风管、光缆管线全都暴露在外，对于一些显著的设计细部却只做低调处理，比如在专用办公间装上玻璃隔墙和玻璃移门，有利于衬托突出公司的面料产品。公司总裁J·贝克汉姆评论说，"新的办公空间被大家广为接受，不仅我们的员工，而且还有我们的客户和销售商对此都赞叹不已。"

Ted Moudis Associates
特德·穆迪斯合作公司

305 East 46th Street
New York
New York 10017
212.308.4000
212.644.8673 (Fax)
tma@tedmoudis.com
www.tedmoudis.com

Ted Moudis Associates

SLK Capital Markets
Jersey City, New Jersey

SLK 资本市场公司
新泽西州，泽西城

左图：接待区
左下图：会议室
左底图：连接楼梯
对面页图：交易间
摄影：Christopher Barrett / Hedrich Blessing

NASDAQ 著名的市场管理公司斯皮尔－里德和凯罗格资本市场公司是斯皮尔－里德－凯罗格公司（SLK）下属一家分公司，致力于对 NASDAQ 和公告牌上国内国外各个证券市场的管理，每天指导处理大量交易。作为华尔街上一家顶尖 NASDAQ 批发市场管理公司，以及一个以电化交易服务为平台的交易科技先锋，公司委托特德·穆迪斯合作公司针对这处 110000 平方英尺（约 10220m²）的泽西城办公机构的改造和扩建制订严格的计划。室内设施要求新型的独立式办公系统，并且在各个交易室共 400 个交易席位配备先进的信息科技设备，此外还需要办公空间、行政服务空间、会议室、培训室和会谈室、数据中心、UPS 和事故处理系统。然而，除功能要求之外，业主 SLK 资本市场公司还提出了其他的建议。新的办公空间风格现代，明快简洁而又十分舒适。

Ted Moudis Associates
计算机联合国际公司
纽约州，纽约

Computer Associates International
New York, New York

左图：休息区和咖啡吧
右图：接待区
摄影：Paul Warchol

计算机联合国际公司新建虚拟电子商务中心，用于展示公司电子商务的软件科技；同时这里还设有公司培训中心，共同致力于优化软件投资环境。除此之外，这里还需要一定的办公空间，设计师在公司内部设计小组的通力合作之下完成了整个空间的布局和整体设计。另外，设施要求还包括接待区、3个教室、一个剧院及4个新型的会议室。在室内一处休息区和咖啡吧处，设计师的关注体现在室内每一处可见的表面：威尼斯泡沫玻璃柜台、流光溢彩的马赛克砖使分隔休息区和主通道的主题墙显得十分活跃，白色大理石地板嵌入星星点点的彩色玻璃，戏剧化的照明设计更为休息室增添了高科技的特征。一处休息间更加完善了室内的生活设施。地面、墙面和家具设施都浸染在明艳的原色中。整个空间平添几分朝气与活跃，更加强调了公司追求活力与创新的精神。

右图：剧院
对面页，远处右图：会议室
对面页，中图：虚拟电子商务中心

Ted Moudis Associates

MacKay Shields
New York, New York

麦克凯·谢尔德公司
纽约州，纽约

投资管理公司麦克凯·谢尔德公司发展迅速，公司位于西 57 大街 9 号的办公场所已不能满足日常需要，因此公司聘请特德·穆迪斯合作公司为其设计一处大一些的办公空间。公司原来位于大厦 37 层的半层楼面，现在搬入大厦 33 层和 34 层上的一层半楼面。这处全新的 45000 平方英尺（约 4180m²）的办公空间设计融入了最先进的电信和信息科技，并且专设一个 60 席位的新型交易大厅。接待区、会议室、交易区、数据中心和服务区也一一得到改善。在室内，墙板包饰着布艺，而且大多采用石材地板、红木制品和历史风格的家具，显得传统而典雅。

左上图：接待区
右上图：经理办公区走道
右顶图：专用办公间室内
对面页图：董事会议室
摄影：Christopher Barrett / Hedrich Blessing

Ted Moudis Associates

CCH Legal Information Services
New York, New York

CCH法律信息服务公司
纽约州，纽约

左图：电梯厅，内设照明穹顶和接待区

左下图：会议室，配备新型视听系统

左底图：开放式布局办公区，室内天花板结构暴露在外

摄影：Peter Paige

律师事务所大多数的日常事务要求一系列及时、精确和具体的办公辅助服务，包括规章档案归类、公众信息研究和文件检索等；法律行业从1892年开始就一直享用着这些服务。因此，特德·穆迪斯合作公司为CCH法律信息服务公司400名员工新设计的纽约办公机构，充分反映了满足这一需求的热望。新的办公机构设在纽约面积最大的单层楼面，约140000平方英尺（约13000m²），室内设施包括数据中心、开放式布局办公区、培训图书室/会议中心和专用办公间。

为了更加有效地使用空间，设计师在独特的设计中采用组合式家具系统，可以快速组装，最大化调整人居密度并且提高使用效率；此外还采用色彩辨别及其他导向方式，抵消了空间过大引起的定位困难。工作台隔板的高度允许阳光泻入，弥漫整个空间。整个空间统一而连贯，给人以清新的印象。

Tsoi/Kobus & Associates
茨罗伊/科布斯联合公司

One Brattle Square
P.O. Box 9114
Cambridge
Massachusetts 02238
617.491.3067
617.864.0265 (Fax)
www.tka-architects.com

Tsoi/Kobus & Associates

Lucent Technologies
Concord, Massachusetts

路森科技

马萨诸塞州，康科德

马萨诸塞州康科德市曾鸣响美国革命具有历史意义的第一枪;如今在这里,革命依然存在。路森科技公司是一家活力蓬勃的电信设备制造公司,是贝克大街 300 号一幢多租户办公大楼内的主要租户。大楼产业所有者豪尔·吉列斯培最近将大楼改造为单一租户格局,在茨罗伊/科布斯联合公司设计师的帮助下,新设入口、大厅、员工食堂,并改善了窗户、电梯、安全系统、卫生间及供暖制冷系统。为了满足路森公司的迅速发展,设计师为其设计了一处 17000 平方英尺(约 1580m^2)的办公场所,包括办公区、研发中心及轻松的聚会场所。尽管路森公司在两年之内可能就会需要 200000 平方英尺(约 18580m^2)的办公空间,但是建筑总体使用面积和 75 英亩(约 30 公顷)的周边地界,不仅可以保证公司办公空间扩建,还保证公司享用一些户外设施,如垒球场、排球场、散步小径和一个可停放 1350 辆车的地上停车场。康科德又一次引发了电信领域空间设计的革命。

左图:入口大厅
上图:开放式布局办公区
下图:走道和会议室
摄影:Steve Rosenthal

Tsoi/Kobus & Associates

Millennium Pharmaceuticals
Cambridge, Massachusetts

千年医药公司
马萨诸塞州，剑桥

目前医疗机构还不能查明主要疾病的基因，因为需要长期、集中的跨学科研究，千年医药公司也不例外。这家著名的医药研究公司决定扩建距麻省技术研究所几步之遥的麻省剑桥办公总部，并大力探寻各种创新设计，倡导空间的灵活性，鼓励员工之间的交往沟通和团队合作。茨罗伊/科布斯联合公司作为建筑师和室内设计师曾先后经历了千年医药公司的三次扩建。此次，这处280000平方英尺（约26000m²）的多层办公空间，有力加强了场所活动之间的视觉联系，并且提供了大量舒适宜人的处所，可以用于非正式的轻松交往。每一层的实验室，以及设有休息室并添加了走道空间的办公区均为可拆装式组合。员工们还可以充分利用室内一些公共空间，如可兼作会谈空间的大餐厅、用于召开大型会议的座谈室、图书室及休息区等展开工作。尽管业主要求室内设施新式入时，然而最终设计的成功却得益于设计师和业主双方对此项工程切合自身的充分关注。

左上图：图书室
右上图：员工食堂
右图：大厅
对面页图：室内中心的三层中庭
摄影：Steve Rosenthal

Tsoi/Kobus & Associates

Boston Financial Data Services
North Quincy, Massachusetts

波士顿金融数据服务公司
马萨诸塞州，北昆西

右图：电梯厅
下图：经理会议室
对面页图：毗邻主办公区的"冲浪区"
摄影：Lucy Chen

克莱斯勒 PT 巡洋舰、苹果计算机和赫尔曼·米勒太空椅有何共同之处？它们都设计独特，都以形象征服了市场，从而提高了公司的声誉。当然，单单依靠设计并不能创造出成功的产品和提供杰出的服务。在建筑设计和室内设计中，出色的美感来自启示性的方案设计和合理的预算工期安排以及巧妙的空间布局。茨罗伊/科布斯联合公司完成的波士顿金融数据服务公司 186000 平方英尺（约17280m²）9层办公总部的改造工程堪称这方面的典范。业主的设计要求包括功能和美学两个方面：提高工作环境的实施效果，改善办公设施、完善照明设备、设立明确的人流通道，通过布局标准化实现操作灵活性，强化办公环境的良好形象，在不影响办公现场的前提下完成设备升级。工程开展过程中，人们迅速感觉到每一处改善的进行。比如，室内新设的组合式工作台，可依据个人需要进行调整。新的平面布局采用标准化办公环境，会议室内配备了最新型的信息科技设施和建筑系统。

左图："机翼式"廊柱掩饰了原建筑中的给水干管

下图：走道，安设展示龛

新的走道设计将原结构布局改造成街道和邻里区，还树立了标识帮助导向；此外，电梯厅开敞无遮的视线有助于加强安全防范和空间定位。改造取得了哪些收效？无论经理层还是普通员工纷纷给予好评。公司资深副总裁和行政长官罗纳德·A·狄龙评论说，"我对贵公司完成如此意义深远的工程深表欣慰。我的期望一一得以实现，我认为贵公司的职业水准首屈一指"。

TVS Interiors, Inc.
TVS 室内设计公司

1230 Peachtree Street NE
Atlanta
Georgia 30309
404.888.6600
404.888.6700 (Fax)
www.tvsa.com
sbelcher@tvsa.com

TVS Interiors, Inc.

Executive Presentation Center
Atlanta, Georgia

经理展示中心
佐治亚州，亚特兰大

实现"功能性"和"效用性"往往还不够。TVS室内设计公司在设计这处3250平方英尺（约300m²）的经理展示中心时就面临着新的挑战：业主希望让人为之惊呼。TVS室内设计公司完成的设计独特，将建筑与媒体完美融合，并荣获嘉奖。整个设施包括各种各样的展示区、一个配备新型视听系统的椭圆形剧院和一个数据中心。客户们从入口处门厅开始一直到展廊，不断地体味着形形色色的多媒体场所，在探寻之中领悟公司理念和产品展示。整个展示过程采用同步照明，围合剧院的遮屏从内部打光，清晰地显示出剧院的内部空间。一扇大大的旋转门开启时，客户便可进入室内，坐在舒适的座椅上，观看多功能背投屏幕上的展示。客户对此深表满意。

上图：椭圆形剧院
右图：展示区
下图：开向剧院的旋转门
对面页图：剧院和背投系统
摄影：Brian Gassel

TVS Interiors, Inc.

**Ketchum
Atlanta, Georgia**

凯夏姆公司
佐治亚州，亚特兰大

下图：室内楼梯
摄影：Brian Gassel

右图：接待区
左下图：非正式会谈区
右下图：开放式布局工作区及中间的专用办公间

在收购另外一家以技术为核心的公关事业公司之后，凯夏姆成为一家知名的公关公司。公司亚特兰大2层办公机构内，175名员工分属3个办公区，并且各具特色。因此，公司聘请TVS室内设计公司为其设计一处45000平方英尺（约4180m²）的办公空间，要求风格统一，既要切合凯夏姆公司在业内的骄人地位，又要营造一处舒适的办公环境，提升公司招募和留住员工的吸引力。毫不奇怪，整个办公空间设计尽量远离"Dilberville"风格。专用办公间、开放式布局办公区、会议室、多媒体培训室、图书室、休息室和游乐室的设计引人注目。整个空间内充斥着丰沛的阳光和户外优美的风景，再加上灵活、风格现代的家具设施以及独特精致的色彩和间接/直接照明，这处空间的重要性已毋庸置疑。

TVS Interiors, Inc.

Total System Services
Columbus, Georgia

全系统服务
佐治亚州，哥伦比亚

上图：接待区
右图：报告厅
下图：休息区
对面页图：员工食堂
摄影：Brian Gassel

人们之所以热衷于供职《财富》杂志评选出的"全国最适合工作的公司"位列前位的公司可能有多种原因，然而，全系统服务公司588000英尺（约54700m²）全新的哥伦比亚办公总部却充分展示了一处优越的办公空间具备的所有特征即上述原因之一；设计由TVS室内设计公司完成，有来自19个独立办公机构的2500名员工入驻。3座5层建筑被合理分区，两翼办公区夹着中间的会议及培训设施。整个室内设有专用办公间、办公总区、会议室、培训中心、休息室、图书室、报告厅、员工食堂、健身中心、游乐室、美容美发沙龙、内部商店和银行分理处等。这处综合办公机构不仅充分关注高级管理层的需要，以及位于佐治亚州南部小城这家信用卡加工商主要经营区域的传统特征，而且还体现了员工们的热情投入。总体设计将办公总区沿建筑四缘而设，把中心区域留给专用办公间；设计实体模型被送至员工面前，接受展阅和批准，最终的设计呈现

出强烈的整体感和主人公的自豪感。设计非常出色，如同全系统服务公司在经营上的卓越表现。

上图：电梯厅
右图：办公总区和室内中心的专用办公间

Whitney Inc.

惠特尼公司

2215 South York Road
Suite 200
Oak Brook
Illinois 60523
630.571.1118
630.571.0518 (Fax)
www.whitneydesign.com

Whitney Inc.

eLoyalty
Lake Forest, Illinois

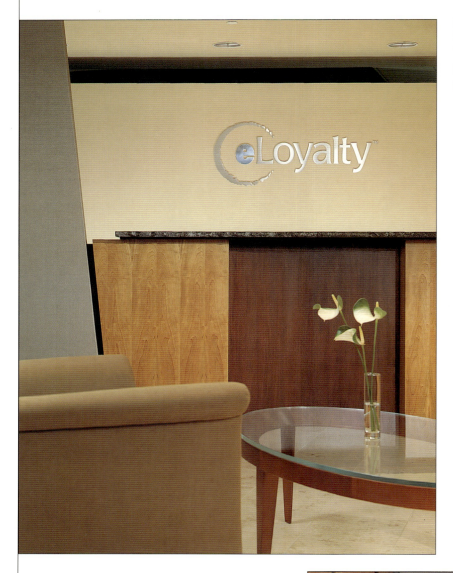

左图：接待台
下图：专用办公区
对面页图：接待区/媒体墙
摄影：Hedrich Blessing

由于小公司不断通过合并、收购和联合来扩大经营，并且不停派生出原有经营策略已无法胜任的新体系，这些企业虽然刚刚成立却已发展成熟，这种局面现在已成为全球市场范围内普遍存在的矛盾。下面就是一个有趣的例子，伊利诺伊州湖畔一家软件开发商和技术咨询公司eLoyalty公司最近在并购了一家大型咨询公司之后，需要一处24800平方英尺（约2300m²）的新的办公机构，安置90名员工。eLoyalty公司委托惠特尼公司负责办公总部的设计，要求赋予公司全新的形象、"单一公司"公司外观，并且设计便于全球范围任意复制；但是，业主同时还需要设计灵活性强，为不可预知的发展留有余地。新的办公空间采用组合式专用办公间，还设有展示中心、培训室、问讯处和餐厅；并且出色地塑造了公共空间的风格：引人注目、风格鲜明而且成本节俭。设计师在设计中还融合了许多创新理念，比如"预约式办公间"、网络登陆区、活动会谈区等，这

下图：网络登陆区

种设计格外适合活动性强的咨询顾问团队。独立办公台采用8英尺（约2.44m）的模数，在功能改变时可以及时上下调整高度。eLoyalty公司办公总部的设计树立了公司在欧洲、澳洲和美国所有办公机构的标准形象和设计风格。

Whitney Inc.　Midlothian Country Club　中洛锡安乡村俱乐部
Midlothian, Illinois　伊利诺伊州，中洛锡安

是的，你完全可以重新找回家的感觉——假如你和你的设计公司决意重造过去的话。位于伊利诺伊州中洛锡安的中洛锡安乡村俱乐部始建于1898年，是带有殖民复兴风格的俱乐部建筑。尽管原建筑已夷为平地，但并未被遗忘，一幢20世纪60年代风格的平顶建筑取而代之。为了庆祝俱乐部成立100周年，俱乐部成员委托惠特尼公司和一位室外建筑师对其进行改造，更新原建筑的殖民复兴风格，唤醒人们对过去的记忆。中洛锡安市市长汤姆·穆拉斯基宣称，"乡村俱乐部赋予了我们乡村的根，为我们奉上了一颗珍贵的珠宝。"

上图：正式餐厅
左图：混合餐厅
右图：入口
摄影：George Lambros

Whitney Inc.   CSC Creative
Kansas City, Missouri

CSC 创意
密苏里州，堪萨斯城

上图：开放式布局办公区
右图：休息区/咖啡区
对面页图：工作台细部
摄影：Matthew McFarland / M – Studio

计算机科学公司（CSC）是家出色的计算机技术公司，惠特尼公司受命为其设计一处2000平方英尺（约185m²）的网关空间，再没什么比这项设计任务更为新潮入时了。毕竟，CSC创意公司的21名员工代表着最为优秀和睿智的技术精英；因此，在空间设计上就应该着力突出激发他们的创造性。但是在针对开放式办公空间、休息区/咖啡区和会议/会谈室进行空间布局时，要注意一种不容忽视的情况：租赁契约一年一签。办公空间内家具的选择，是营造一处优越办公环境，进行独立工作、团队协作和座谈等活动的焦点所在。惠特尼公司的设计师与CSC公司技术操作部门经理托尼·斯特拉坦通力协作，营造出一处让人难忘的办公空间，辅助公司那些技术精英的日常工作；而且可以在瞬间拆装打包，搬入新的办公地点。

Whitney Inc.

Bosch, Thermador + Gaggenau Showroom
Broadview, Illinois

博斯，萨梅多和盖根奥品牌展厅
伊利诺伊州，布罗德维

右图：盖根奥（Gaggenau）品牌展示
下图：展厅入口
底图：萨梅多（Thermador）品牌展示

当富有之家寻求专业品质的厨房用品时，往往会投诸萨梅多和盖根奥品牌，购买炉具台、炉灶或是洗碗机。罗伯特·博斯公司下属的B/S/H公司聘请惠特尼公司在伊利诺伊州布罗德维设计一处8000平方英尺（约743m²）独特精致的中西部地区展厅，专用于3个品牌的展示。这处原仓库建筑被彻底改造一新，可以容纳5个展示区、3个交互式样板厨房，以及培训室和办公区。罗伯特·博斯公司设备主管沃尔夫冈·奈普评论说，"这处展厅作为公司布罗德维办公机构的扩建工程，不仅让人大为震惊，而且在整个博斯公司内树立了强烈的自豪感"。

Zimmer Gunsul Frasca Partnership

齐默 – 甘苏尔 – 弗拉斯卡合伙人事务所

320 SW Oak Street
Suite 500
Portland
Oregon 97204
503.224.3860
503.224.2482 (Fax)

1191 Second Avenue
Suite 800
Seattle
Washington 98101
206.623.9414
206.623.7868 (Fax)

333 South Grand Avenue
Suite 3600
Los Angeles
California 90071
213.617.1901
213.617.0047 (Fax)

7920 Norfolk Avenue
Suite 600
Bethesda
Maryland 20814
301.986.1954
301.986.1863 (Fax)

www.zgf.com

Zimmer Gunsul Frasca Partnership

Doernbecher Children's Hospital
Portland, Oregon

杜恩贝切儿童医院
俄勒冈州，波特兰

把家的概念融入治疗过程是杜恩贝切儿童医院的主要理念，它位于俄勒冈健康科技大学（Oregon Health Sciences University）校园内，总面积为250000平方英尺（约23225m²）。在医院部门职能明确之前，设计布局已完成，并且体现在内部公共空间、门诊区和住院区。其中尤为突出的是，设计赋予室内每层各种不同的可爱亲切的图案、色彩和家具摆设，为每一层强化独特的自然主题。在促使医疗空间更加人性化的过程中，设计同样兼顾艺术美感。各式各样的艺术品遍布医院室内，充满质感的青铜雕塑和瓷釉窗户图案，还有主厅壁炉上方的"生命之树"，共同塑造了一处疗愈创伤的康复环境。住院区反映了"邻里区"的设计理念，以色彩和地砖图案界定出不同的"街道"，每一个"十字路口"都设有护士站，每一房间外迎接拜访者的都是各具特色的"地址指示板"和"迎客垫"。除此之外，阔大的窗子奉献给室内广阔的户外景观，使室内的人们更加亲近自然。

左顶图：10楼的静思室
左中图：8楼的候客区和游乐区
左底图：8楼儿童特护区的护士站
上图：7楼门诊接待台
对面页图：主厅的临窗座位和壁缘饰带细部
摄影：Eckert & Echert, Timothy Hursley

Zimmer Gunsul Frasca Partnership

Peninsula Center Library
Palos Verdes, California
半岛中心图书馆
加利福尼亚州，帕罗维戴

半岛中心图书馆坐落在地形崎岖不平的加州帕罗维戴市一个陡峭的斜坡上，夹在两条主干道之间，最初由建筑师昆西·琼斯（Quincy Jones）于1960年间完成。齐默－甘苏尔－弗拉斯卡合伙人事务所（ZGF）对这处82600平方英尺（约7674m²）的图书馆进行了改造和扩建，充分尊重并保留了原建筑的3层结构，营造出一处具有永恒感的内部环境。图书馆采用城市规划布局，安设了服务台、艺术或彩色主题墙，强化了视觉鲜明的导向性。艺术家利塔·阿尔布开克（Lita Albuquerque）设计的"星形轴线"（"Stella Axis"）充满象征韵味地穿插在各层入口门廊，暗示着宇宙和地球之间的联系。蚀刻玻璃门开向多功能间，隔离出一处单独空间。在青年阅览区有一座青铜猎豹塑像，侧面是雕花石灰岩廊柱，上面描画有濒临险境的非洲动物。上方悬置木网格架，为低矮的空间增添了几分视觉深度；环绕式照明设计独特显著，营造出天光的幻觉。开敞的楼梯为上下楼层之间提供了明确的垂直通道。

左图：青年读者阅览区
左底图：蚀刻玻璃和金叶门
中图：走道处的工作台
右底图：雕花石灰岩廊柱，由艺术家格温尼·穆瑞尔（Gwynne Murrill）完成
对面页图：公共空间入口门廊的"星形轴线"
摄影：Hedrich Blessing

Zimmer Gunsul Frasca Partnership

The Church of Jesus Christ of Latter-day Saints Conference Center
Salt Lake City, Utah

基督教后期信徒教堂
犹他州，盐湖城

左图：会议中心鸟瞰
下图：宽大的楼梯从合唱队所在楼层通向夹楼层
摄影：Timothy Hursley

　　会议中心占据了毗邻盐湖城市中心殿堂广场一个整整10英亩（约4公顷）城市街区。设计的主要挑战在于：需要在这个可以容纳21000人的报告厅内营造出社区的感觉，而且保证演讲者和听众之间强烈的视觉联系、圣坛般的亲切感受以及出类拔萃的声音效果。室内家具设施的设计均大于正常尺度，增强建筑的体量和层高。大厅兼作聚会之地，室内特殊定制的长凳格外醒目；此外，舒适的座席和压低的层高共同界定出的隔间，让人觉得更加亲切。整个空间展示了各式独特的灯具和广泛的教堂艺术品收藏。定制座椅上包饰着别致的布面，上面描绘着精细的小麦图案，象征着复活与再生。900座的地区剧院采用绿色基调，辅之以金色点缀，营造出一处与大厅和祈祷空间截然不同的环境。

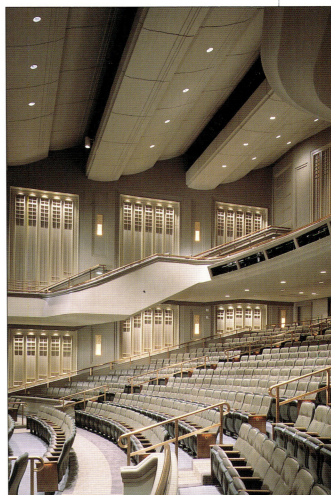

顶图：21000座的报告厅
上图：樱桃木和瑞士梨木材料的门，通向报告厅
右图：900座的地区剧院

Zimmer Gunsul Frasca Partnership

Microsoft Pebble Beach Cafeteria
World Trade Center Club
Marquam Cafe Plaza
Redmond and Seattle, Washington; Portland, Oregon

这三个工程证明：就餐体验能够营造出社交中心、过渡空间，甚至远离事务和群体的独处之所。微软卵石海滩员工食堂室内采用了温暖的色彩、反差鲜明的质感以及自然的木制家具；这处19000平方英尺（约1765m²）的空间不仅展现了西北部主题，而且加强了室内空间与户外景致的联系。在西雅图市中心，7500平方英尺（约697m²）的市贸中心俱乐部让人们身心放松；在此可以充分领略布吉海湾和奥林匹克山脉的秀美景观。马卡姆咖啡广场位于波特兰的俄勒冈健康科技大学校园内，这处4100平方英尺（约380m²）的空间提供了一流的就餐环境，从而成了一个员工、病人以及访客频繁光顾的社交中心。

左顶图：微软卵石海滩员工食堂
左图：马卡姆咖啡广场
上图：市贸中心俱乐部
摄影：Eckert & Eckert, Lara Swimmer

微软卵石海滩员工食堂，市贸中心俱乐部，马卡姆咖啡广场
华盛顿州，雷得蒙和西雅图；俄勒冈州，波特兰

BUILDING TOMORROW'S OFFICE TODAY
营造明天的办公空间

BUILDING TOMORROW'S OFFICE TODAY

By Roger Yee

营造明天的办公空间

罗杰·易

美国一向痴迷于高科技，但另外一种现状同样显著，那就是：在国内一些精明强干、讲求实效并且训练有素的企业中，它们的企业文化精髓已经渗透于社会其他领域，为员工提供不考虑等级头衔因素就能获取成功所需的资源条件，根据他们的业绩公正地进行评判权衡，并且依照他们的意愿改善办公环境。最近一家国际家具设备生产商诺尔公司（Knoll, Inc.）委托独立市场调查公司DYG公司（DYG, Inc.）进行一次调查，结果表明员工们再也不是对办公环境置若罔闻、不以为然了。事实上，员工们定期通过一些明证来考核他们的办公环境，例如管理层是否给予他们充分的重视？公司的经营是否成功？他们是否拥有必需的工具与设备？等等。

更重要的是，这种员工对工作环境的评估在那些知名的支柱性企业内也在进行，只有网络公司是个例外，要知道网络公司人性化的办公空间已经成为上个世纪90年代末的一个鲜明标志。正如诺尔公司办公环境调查项目的主管克莉斯汀·芭勃（Christine Barber）指出，"网络公司已经征服了各年龄层次的员工，切实展现了办公空间辅助办公提高业绩的有力功效"。任何一个力图吸引并保留人才的公司都会发现，在21世纪，员工最需要一处优越的办公空间来酬报他们卓越的工作业绩。

因此，在未来几年决定办公空间设计的首要因素应该是以业绩为宗旨的全新的设计理念，保证员工拥有最先进的办公环境。然而，为了探寻最优化办公空间的简单公式而苦苦寻觅的企业经营者们，最初可能会大失所望，因为他们将得知出色的办公环境同企业一样多种多样、居无定式。在全球化经济条件下，对员工的需求进行概念化处理只不过是一条虚妄的捷径。

以专用办公间为例。那种由隔断围合的内勤办公区和存储空间曾经被漫画家斯科特·亚当斯（Scott Adams）谑称作"方盒子农场"，它们俨然已经成为现代办公机构的标准，在开放式布局办公空间一统天下之际，封闭式的专用办公间是否已过时了？然而，计算机编程人员、律师和人力资源管理者以及其他诸多办公人员仍然需要有门围合的办公室，这绝非偶然。办公布局的选择取决于工作的性质，而不是办工人员的职位与头衔。

如何营造一处优越的办公环境

幸运的是，几乎任何一个商业机构，无论其规模大小、经济实力强弱还是日程进度安排如何，都有能力开发出一套超前的办公设施；这种办公设施功能性强、成本经济有效而且设备先进优良，既有助于执行公司组织策略，又塑造了公司的形象。毕竟，这还不是火箭科学。但是，正如任何重大举措都要投入充足的精力、财力和人力一样，这样一种办公空间实现的可能性与公司管理层对此项目的时间投入与重视程度密切相关。确实，又有谁能比公司总经理们及其组织并领导的公司基建委员会更清楚究竟公司意欲在新的办公总部实行何种组织结构呢？

将这项重要决策权下放给低层工作人员其实收效甚微，因为新的办公环境的设计是公司为了实现长远目标与策略而设定新式经营法则及相应外观的一种重要方式。高层管理人员永远比低层工作人员对公司当前的经营理念更为熟悉，而且这些低层工作人员也根本无权来力促现行经营规范进行深刻的变革，而这恰恰正是一个新的办公空间所力图体现的。无权亦无识，这些位居低层的办公人员只能日复一日地重复前任们的事业，或是猜测一下管理层的下一举措如何。

几乎没有什么公司可以单单仰仗本公司专业人员便能够开发出这种新型办公空间，尤其在20世纪90年代早期各公司普遍裁员缩小经营规模以后，于是公司高级管理层纷纷求助外界帮助，向建筑师、室内设计师、结构工程师、总承包人以及地产经纪人咨询。这样一个阵容庞大的项目组实在难以控制。通常情况下，都是项目组一主要成员直接向公司汇报工程进展，主要采用设计－招标－施工的方式；此外，根据公司和项目具体情况，也可采取其他像设计－施工和施工管理的方式，不同的方式均恰到好处地给予不同程度的管理、责任和投入。

不论公司经营惯例如何，新办公空间的营造都需要经历3个阶段；在建构过程中，人员的数量及背景、投入的精力与财力以及重要决策的数量对工程的影响在发挥到极致之后便开始消退。营造的过程同样也是无法逆转的，除非付出巨大代价；那时，覆水重收浪费的不仅只是已经投入的财力，而且还会延误良机，导致源源不断出现另外一些未曾预想的损失。其他任何决策都必须关照设计的进行，直到所有设计终成定论。下面是任何公司决策者都会遇到的3个阶段：Ⅰ：策略部署、项目策划及其他准备工作阶段；Ⅱ：规划及设计阶段；Ⅲ：施工及入住阶段。

第一阶段：策略部署、项目策划及其他准备工作

工程开展的第一个阶段包括策略部署、项目策划、工程预算、进度安排以及组建项目小组等工作，体现对未来新的办公空间最初最笼统的构想。这一阶段需要处理的问题主要有：为什么需要一个新的办公空间？新的办公空间将如何运转？开销预计多大？什么时候完工？谁将负责设计工作？然而，这时对办公内外环境的具体构思还并未成形。

1. 策略部署：为什么需要一个新的办公空间？

策略部署涉及到对一些问题的深思熟虑：为什么需要新的办公空间？什么样的表现手法才能最有条理地体现公司及其管理层目前的安排与长期的计划？只有经过对产品、市场、原料、竞争对手、期望与现实可能性、目前状况及未来展望进行深入探索之后，高级领导层才能够正确地考虑办公机构的具体需要以及它的确切位置、结构、规模、工作人员及操作方式等。

2. 项目策划：项目需要满足什么要求？

项目策划正式制定办公机构的设计标准。例如，需要实现什么功能？需要多少员工？需要满足多大程度的可行性、私密性及安全性？需要什么配置？哪些地区或都市可以提供最有利的经济条件、学术环境和人口结构？预计服务年限是多少年？

3. 项目预算：你打算为这项工程支出多少？

项目预算处理施工预算、施工决算、设计费、税费、资金筹措、管理开支以及意外开支储备金等问题。

4. 工期安排：工程何时动工？

工期安排估量整个工程中每一个关键步骤，保证业主按时入住，有时工期安排视具体截止期限而定。

5. 项目小组：谁将负责项目开展？

项目小组成员来自公司内外，负责项目咨询或项目开展工作。通常从公司内部选出的项目小组成员包括总经理、财务部总监、公司房地产部门主管、人力资源部主管以及设备、通讯、数据处理和采购等部门经理。从外界聘来的项目小组成员可能包括：建筑师、室内设计师、结构工程师、机械工程师、水电工程师、总承包商、施工经理、房地产咨询顾问、信息科技咨询顾问、照明设计师、声学专家、景观建筑师以及餐饮咨询顾问等。

在其他项目小组外员选定之前，先聘请建筑师和室内设计师是项目开展的最佳方式；其重要性如何强调都不为过分。尽管在项目开展最初阶段，许多关于这个新办公机构的具体构思还未成形，然而建筑师和室内设计师却完全有能力协助公司探索空间功能的所有可能性，包括选址、可行性研究、设计规范、ADA、健康安全需要、建筑类型、基本土建估算、租赁合同分析、空间布局、楼层规划、工程预算以及工期安排等各方面的问题。另外，建筑师和设计师们除了关注公司自身利益以外并无他求。

公司应该挑选什么样的建筑师和设计师呢？下面是几条主要标准：技术能力，要能够营造出预想的办公空间；设计天赋，要善于将业主的构想转换成有形的建筑实体；管理能力，要能够严守工期和预算，设计出高质量的方案；个人亲和力，具有团队合作精神；咨询经验，要能够根据工程进展情况判断出将来可能出现的问题。尽管所有这些特征都不言自明，可是各公司可根据侧重点不同作出明智之选。

第二阶段：规划和设计

第二阶段，规划设计阶段，需要投入大量专业知识来集中解决营造新办公环境的技术和美学问题。在第二阶段需要确立从项目经理到公司总经理严格的指令体系；而且，外界顾问的提议也将通过主要顾问提交给业主。现在许多大型工程均依照惯例召集十几名专家分工协作，项目分配责任制显得比以往任何时候都更为重要。

1. 选址：项目地点选在哪里？

选址是经过对土地所有权、规划法、建筑规范及环境影响等要素充分研究之后确定一处合适的施工地点。

2. 空间规划：各司其职的各部门将共处于一处什么样的办公空间？

空间规划为公司各职能部门指定办公区，并确立良好的组织关系或"邻里关系"，安排适当的交通路线、垂直式或"叠加式"布局以及主要出入口。

3. 设计展开：最终的设计怎样？功能如何？

设计展开指的是在建筑设计和室内设计最终的美学形体确定之后所进行的结构设计、机械设计、照明设计、水电设计、暖通设计、空调设备以及信息处理系统配置。

4. 设计扩展：如何去构造一个真正的办公空间？

设计扩展是建筑各构造部分及建筑整体施工图开始之前的准备工作，同时还是建筑中将要采用的特定产品、建材及施工方法的工程计划书。

第三阶段：施工和入住

第三阶段，即施工、入住和入住后完善阶段，将项目导向高潮之后又引至收尾。工程计划书和施工图提交给生产商、施工公司及承包商进行招标。根据反馈的情况同他们中间能够提供满意的工程造价和完工日期的公司签订合同。

1. 施工：工程是否可以如期建成？

施工依据建筑施工图及室内设计施工图进行，密切关注实地情况和公司、公司顾问以及其他方面研究制定的重大变更。付款方式通常是根据施工进度分期支付。

2. 入住：工程什么时候才能成为办公机构？

入住是指公司人员和设备分批搬入已经完工或基本完工的办公机构。在此之前，员工通常会听取介绍，熟悉新的办公环境。

3. 入住后服务：新的办公空间目前与将来都行得通么？

入住后的服务工作由公司设备管理部门或总行政部门或外界咨询顾问负责，对新的办公设施，尤其是暖通设备、空调设备、照明设备以及室内设计的细部装饰等，进行调试和维护，并根据公司需要进行相应的设备升级。

21世纪的经营者需要什么？

对于办公空间，21世纪的企业经营者究竟需要了解什么？他们深感宽慰地了解到，随着计算机与信息科技的潮来潮往，人的行为才是可以为之诠释的永恒。只需要去问一下员工究竟需要什么，就可以收纳大量可以马上付诸实施的信息宝藏。在上面引述诺尔公司最近委托DYG公司进行的调查中，有350名办公人员被问到，什么样的办公环境能够提高他们的工作效率和劳动满意度？调查结果让人大为惊异，原因在于太缺少意外。结果显示，70%接受调查的人员认为，工作效率来自办公设施是否具有先进科技装备，是否具有温控能力和相关文档存储空间、静思空间以及个性化的工作空间。另外，50%~60%接受调查人员提及符合工效原理的座椅、引人瞩目的办公空间形象、灯光控制、私密性和专用窗口。此外，还有一些次要一些的要求，例如宽敞的办公空间、轻松会谈的个人空间以及存放个人物品的存储空间等，当然，这些要求同样值得关注。

换言之，接受调查的员工只是希望通过改善办公环境来提高工作业绩。他们绝对不是希望在办公空间内为自己树立一个纪念碑，他们不过希冀通过办公环境的改善提高工作成效。假如公司及其建筑师和室内设计师都能为此孜孜以求，经营者和他们的员工同样将真正盼望工作在21世纪。

作者简介：

罗杰·易(Roger Yee)，毕业于耶鲁大学建筑学专业，因在业内的杰出成就屡获美国建筑师协会、美国室内设计师协会、国际室内设计协会及商务出版协会的嘉奖。曾经担任三本设计期刊的主编，分别是：《办公设计》、《地产、合同和设计》、《宾馆设计》。

作者在此领域内的其他活动主要有：曾经担任Cushman & Wakefield房地产公司的市场咨询顾问；并且曾任职多家建筑设计公司，其中包括著名的Philip Johnson & John Burgee公司；多次在高校研究机构讲学，如达特茅斯大学和哥伦比亚大学等。作者目前担任电子商务杂志《b3》主编，同时兼任设计领域内多家机构的刊物编辑、公共关系顾问和市场营销顾问。

INDEX BY PROJECTS
工程索引

INDEX BY PROJECTS
工程索引

美国在线第二创意中心（弗吉尼亚州，杜勒斯） *10*
罗马集团（华盛顿特区） *13*
MCI全球公司，高级网络部（弗吉尼亚州，雷登） *14*
桑德维克公共事务公司（华盛顿特区） *15*
Interliant（弗吉尼亚州，雷斯顿） *16*
星内科技公司（纽约州，纽约） *18*
国际证券交易所（纽约州，纽约） *20*
Excite@Home（纽约州，纽约） *22*
Bel Air投资顾问公司（加利福尼亚州，洛杉矶） *26*
朱利安·J·斯达德莱公司（加利福尼亚州，洛杉矶） *28*
克拉斯基·苏珀动画工作室（加利福尼亚州，好莱坞） *30*
波士顿咨询集团（加利福尼亚州，洛杉矶） *34*
特鲁普，斯图伯，帕斯奇，瑞迪克和托贝合伙人律师事务所（加利福尼亚州，洛杉矶） *36*
数字媒体园（加利福尼亚州，塞冈多） *38*
Ask Jeeves，网络公司（纽约州，纽约） *42*
综合数据与图表（CQG）（纽约州，纽约） *44*
资产管理公司（纽约州，纽约） *46*
专用健身设施（纽约州，纽约） *48*
伯杰·雷特设计合作公司办公场所（纽约州，纽约） *50*
数据公告公司（纽约州，纽约） *52*
barnesandnoble.com（纽约州，纽约） *54*
CGN市场策划服务中心（马萨诸塞州，波士顿） *58*
因泰克公司（马萨诸塞州，尼德海姆） *60*
神经线公司（马萨诸塞州，纽顿） *62*
戴洛特咨询公司（加利福尼亚州，旧金山） *66*
实名公司（加利福尼亚州，红木城） *68*
太阳微系统公司，内沃克办公园（加利福尼亚州，内沃克） *70*
太阳微系统公司，桑塔克拉会议中心（加利福尼亚州，桑塔克拉） *72*
某全球咨询公司（加利福尼亚州，洛杉矶） *74*
某全球咨询公司（加利福尼亚州，帕罗奥托） *76*
银湖合伙人公司（加利福尼亚州，门罗公园） *78*
库莱-古德瓦德律师事务所（加利福尼亚州，帕罗奥托） *80*
新点公司（加利福尼亚州，圣迭戈） *82*
佩瑞格瑞系统公司（加利福尼亚州，圣迭戈） *84*
加斯兰普区希尔顿酒店（加利福尼亚州，圣迭戈） *86*
摩托罗拉电讯公司（加利福尼亚州，圣迭戈） *88*
佩道奥公司（Xpedior）（弗吉尼亚州，亚历山德里亚） *90*
马克·G·安德森顾问公司（华盛顿特区） *92*
因托米公司（Inktomi Corporation）（弗吉尼亚州，赫恩顿） *94*
戴洛特和塔奇会计师事务所（加利福尼亚州，洛杉矶） *98*
尤纳考公司（Unocal Corporation）（加利福尼亚州，洛杉矶） *100*
钢匣子木制家具公司（伊利诺伊州，芝加哥） *102*
第一芝加哥银行西海岸地区办公机构（加利福尼亚州，洛杉矶） *104*
阿姆特拉克CNOC（特拉华州，威尔明顿） *106*
克里森多风险投资公司（加利福尼亚州，帕罗奥托） *108*
Hi-Wire公司（明尼苏达州，明尼阿波利斯） *109*
梅特里斯公司（明尼苏达州，明尼坦卡） *110*
弗罗斯-罗斯奇尔德-欧布里安和弗兰尔律师事务所（宾夕法尼亚州，费城） *114*
梅尔克公司（宾夕法尼亚州，兰斯代尔） *116*
联合信号公司（新泽西州，莫里斯城） *118*
宾夕法尼亚大学，生化科研大楼二期、三期（宾夕法尼亚州，费城） *119*
"橡树"个人保健设施（宾夕法尼亚州，温科特） *120*
路塞尔·雷纳德联合公司（伊利诺伊州，芝加哥） *122*
专业服务公司（伊利诺伊州，芝加哥） *124*
贝尔和丹尼尔公司（印第安纳州，印第安纳波利斯） *126*
萨克利公司（加利福尼亚州，普利桑顿） *130*
埃森纳通讯公司（马里兰州，巴尔的摩） *132*
尼肯公司（加利福尼亚州，欧文） *134*
密集空间（伊利诺伊州，芝加哥）（肯塔基州佛罗伦萨和马萨诸塞州剑桥） *138*

布朗兄弟哈里曼投资银行（马萨诸塞州，波士顿） *140*
安德森公司（伊利诺伊州，芝加哥） *142*
海勒金融（纽约州，纽约） *143*
群星能源公司（马里兰州，巴尔的摩） *144*
安全第一网络银行（佐治亚州，亚特兰大） *146*
Viewlocity公司（佐治亚州，亚特兰大） *148*
全球技术支持中心（佐治亚州，亚特兰大） *149*
德卡布公司办公环境（佐治亚州，阿斐雷塔） *150*
纽约大道1307号（华盛顿特区） *154*
Circle.com（马里兰州，巴尔的摩） *156*
路森科技公司（华盛顿特区） *158*
世界银行信息店（华盛顿特区） *160*
eHomes.com（加利福尼亚州，阿利索维乔） *162*
buy.com（加利福尼亚州，阿利索维乔） *164*
某能源公司（伊利诺伊州，芝加哥） *166*
乔家车库（加利福尼亚州，图斯丁） *168*
AND 1公司（宾夕法尼亚州，帕奥利） *170*
星光媒介（纽约州，纽约） *172*
帕玛西亚制药公司（新泽西州，皮帕克） *174*
土耳其银行（土耳其，伊斯坦布尔） *176*
Agency.com（纽约州，纽约） *178*
伯拉德·贺德广告代理公司（加利福尼亚州，威尼斯） *180*
福克斯行政大楼（加利福尼亚州，洛杉矶） *182*
Accenture（韩国，汉城）*184*
普罗姆酒店公司销售服务中心（佛罗里达州，坦帕） *186*
Union Planters银行总部（田纳西州，孟菲斯） *188*
iXL公司办公总部（田纳西州，孟菲斯） *190*
安德森管理咨询公司地区总部（田纳西州，孟菲斯） *192*
斯卡德·威瑟资本投资公司（加利福尼亚州，旧金山） *194*
Actuate公司（加利福尼亚州，南旧金山） *196*
苏芬诺瓦风险投资公司（加利福尼亚州，旧金山） *198*
TiVo公司（加利福尼亚州，圣何塞） *202*
BMC软件公司（加利福尼亚州，圣何塞） *206*
Accenture（原安德森顾问公司）（得克萨斯州，欧文） *210*
BDO赛得曼会计师事务所（得克萨斯州，达拉斯） *211*
考克斯电信公司（路易斯安那州，新奥尔良） *212*
海德里克和斯特拉格公司（得克萨斯州，达拉斯） *213*
传奇航空公司（得克萨斯州，达拉斯） *214*
麦肯-埃里克森国际广告代理公司（得克萨斯州，达拉斯） *215*
全国客户服务中心（NCSC）（得克萨斯州，达拉斯） *216*
F5网络公司（华盛顿州，西雅图） *218*
塞拉奇资金管理公司（华盛顿州，西雅图） *220*
因默生公司（华盛顿州，西雅图） *222*
巴克雷·迪恩工程服务公司（华盛顿州，贝利佛） *224*
箭牌国际公司（宾夕法尼亚州，瑞丁） *226*
贝克顿·狄金森公司（新泽西州，富兰克林湖） *228*
尤因·卖隆·考夫曼基金会（密苏里州，堪萨斯城） *230*
某金融机构（纽约州，纽约） *234*
摩根、路易斯和伯丘斯律师事务所会议中心（纽约州，纽约） *236*
詹金斯和吉克瑞斯特·帕尔·查宾事务所（纽约州，纽约） *238*
沃尔特·迪斯尼电视公司国际-拉美部（佛罗里达州，科罗盖堡） *242*
美国航空公司豪华候机室（佛罗里达州，迈阿密） *244*
施乐（康涅狄格州，斯坦福） *246*
卡西迪·斯盖德和格罗律师事务所（伊利诺伊州，芝加哥） *250*
洛维尔律师事务所（伊利诺伊州，芝加哥） *252*
派珀-马伯里-鲁得布克和沃尔夫律师事务所（伊利诺伊州，芝加哥） *254*
伍得布里奇办公大楼（加利福尼亚州，欧文） *258*
加利福尼亚州立大学，校长办公室（加利福尼亚州，长滩） *260*
起亚（KIA）汽车公司，美国办公机构（加利福尼亚州，欧文） *262*
纽梅耶和狄龙律师事务所（加利福尼亚州，纽波特海滩） *263*
汽车生产商（加利福尼亚州，托兰斯） *264*

Condé Nast 杂志社（纽约州，纽约） 266
普瑞斯姆信息服务中心（纽约州，纽约） 268
BMC 软件公司（马萨诸塞州，沃尔萨姆） 270
网络公司（加利福尼亚州，旧金山） 271
体育画报杂志社（纽约州，纽约） 272
科恩－肯尼迪－唐德和圭格雷律师事务所（亚利桑那州，菲尼克斯） 274
盖尼乡村健身中心及游乐场（亚利桑那州，斯科茨代尔） 276
哈里斯信托公司（亚利桑那州，图森） 278
顶点企业（亚利桑那州，菲尼克斯） 280
兰登金融服务公司（宾夕法尼亚州，伯维恩） 282
普罗维登相互保险公司（宾夕法尼亚州，伯维恩） 284
ICON 临床研究所（宾夕法尼亚州，北威尔士） 286
美国互动（宾夕法尼亚州，普鲁士王） 288
GB 资金公司（纽约州，纽约） 290
积极健康管理公司（纽约州，纽约） 298
蒙鲁瓦－安德森设计公司（纽约州，纽约） 300
美名信息服务公司（纽约州，纽约） 302
美国网络（纽约州，纽约） 303
杰弗里公司（新泽西州，萧特山区） 304
尼尔森公司总部（宾夕法尼亚州，费城） 306
CIGNA 世界总部（宾夕法尼亚州，费城） 308
美国银行，东北地区总部（华盛顿特区） 310
高级管理人员专用餐厅（宾夕法尼亚州，费城） 312
MCA 音像公司（纽约州，纽约） 314
ABN－AMRO 最高信用等级经纪公司（纽约州，纽约） 318
视觉顶点（纽约州，罗斯琳高地） 320
欧布瑞恩－特拉维斯－贾卡德公司（华盛顿特区） 322
美国遗产基金会（华盛顿特区） 324
西地房地产公司（弗吉尼亚州，阿灵顿） 326
世界空间公司（华盛顿特区和英国伦敦） 330
Net2000 通讯公司（弗吉尼亚州，赫恩登） 334
亨顿和威廉律师事务所（华盛顿特区） 335
第 19 大街 1120 号（华盛顿特区） 336
海默公司总部（俄亥俄州，克利夫兰） 338
俄亥俄储蓄广场和公园广场（俄亥俄州，克利夫兰） 340
伊肯公司世界总部（俄亥俄州，克利夫兰） 342
Cuyahoga 社区大学，技术培训中心（俄亥俄州，克利夫兰） 344
钻石国际（伊利诺伊州，芝加哥） 346
古德里奇公司（北卡罗来纳州，夏洛特） 348
美国医院协会（伊利诺州，芝加哥） 350
Swiss Re America 美国总部（纽约州，北城堡） 352
西奈山／NYU 保健公司，经理办公区（纽约州，纽约） 354
消费者联盟（纽约州，扬克斯） 356
健康市场公司（康涅狄格州，诺沃克） 358
美国金融集团（纽约州，纽约） 360
J. Jill 集团公司总部（马萨诸塞州，昆西） 362
J. Jill 集团分销中心（新罕布什尔州，蒂尔顿） 366
J. Jill 集团，零售商店（俄勒冈州，波特兰） 368
海默尔集团（加利福尼亚州，奥克兰） 370
不间断方案公司（加利福尼亚州，旧金山） 372
查理·斯克瓦布丹佛话务及数据中心（科罗拉多州，丹佛） 374
Productopia 公司（加利福尼亚州，旧金山） 376
骑士公司（加利福尼亚州，圣何塞） 378
KPMG LA 公司（加利福尼亚州，洛杉矶） 382
XOR 有限公司（科罗拉多州，博尔德） 386
存储工艺公司（科罗拉多州，路易斯维尔） 388
桃斯·皮兰公司（科罗拉多州，丹佛） 390
PCS 方案（加拿大，不列颠哥伦比亚省，温哥华） 392
桑姆普拉能源交易所（康涅狄格州，斯坦福） 394
AIG 贸易公司（康涅狄格州，格林尼治） 396
奥地利银行康涅狄格州格林尼治办公机构（康涅狄格州，格林尼治） 398

帕斯餐厅（康涅狄格州，南港） 400
PricewaterhouseCoopers（弗吉尼亚州，费尔湖） 402
威廉·梅瑟公司（马里兰州，巴尔的摩） 404
康瑟公司商务园区（弗吉尼亚州，雷斯顿） 406
Artesia 科技公司（马里兰州，罗克维尔） 408
Monitor 公司（马萨诸塞州，剑桥） 410
帝国大街拉菲尔公司，会议中心（马萨诸塞州，波士顿） 412
CO 空间公司（佐治亚州，亚特兰大） 414
凯伯公司（马萨诸塞州，波士顿） 416
范·瓦格纳信息公司（纽约州，纽约） 418
群岛公司（纽约，纽约） 420
布隆迪树屋（纽约州，玛玛隆内克） 422
经纪科技全球公司（新泽西州，泽西城） 424
纽约证券交易所，布罗德大街 30 号（纽约州，纽约） 426
某金融投资公司的培训设施（纽约州，纽约） 428
美国唱片工业协会（华盛顿特区） 430
海勒·恩曼·怀特和迈考里夫律师事务所（加利福尼亚州，旧金山） 432
福蒂斯家庭生活公司（佐治亚州，亚特兰大） 434
菲利普－范·胡森服装公司（纽约州，纽约） 436
阿贺德美国办公总部（弗吉尼亚州，费尔法克斯） 438
常青资产管理公司（纽约州，怀特普来） 440
"租借"房地产公司（华盛顿特区） 442
全球电信（弗吉尼亚州，雷斯顿） 444
计划生育联合会（华盛顿特区） 446
"Blackboard" 公司（华盛顿特区） 448
特默杯·麦克雷恩广告代理公司（得克萨斯州，欧文） 450
波士顿咨询集团（得克萨斯州，达拉斯） 454
得克萨斯大学，应用计算机工程和科技大楼
（得克萨斯州，奥斯汀） 458
苏斯曼－提斯代尔－盖勒事务所（得克萨斯州，奥斯汀） 460
GSD&M 思想城和工作室（得克萨斯州，奥斯汀） 462
国家仪表公司（得克萨斯州，奥斯汀） 464
苏斯比拍卖行（纽约州，纽约） 466
e-Citi（纽约州，纽约） 468
费瑞尔－斯库兹－卡特－祖帕诺和费泰尔合伙人事务所
（佛罗里达州，迈阿密） 470
密尔班科－特维德－哈德莱和迈克罗伊律师事务所
（纽约州，纽约） 472
CBS 市场观察网络公司（纽约州，纽约） 474
AXA 咨询公司（原公正人寿保险公司）（纽约州，纽约） 476
普菲泽公司（纽约州，纽约） 478
福斯特曼公司（纽约州，纽约） 480
SLK 资本市场公司（新泽西州，泽西城） 482
计算机联合国际公司（纽约州，纽约） 484
麦克凯·谢尔德公司（纽约州，纽约） 486
CCH 法律信息服务公司（纽约州，纽约） 488
路森科技（马萨诸塞州，康科德） 490
千年医药公司（马萨诸塞州，剑桥） 492
波士顿金融数据服务公司（马萨诸塞州，北昆西） 494
经理展示中心（佐治亚州，亚特兰大） 498
凯夏姆公司（佐治亚州，亚特兰大） 500
全系统服务（佐治亚州，哥伦比亚） 502
eLoyaty 公司（伊利诺伊州，湖畔森林） 506
中洛锡安乡村俱乐部（伊利诺伊州，中洛锡安） 509
CSC 创意（密苏里州，堪萨斯城） 510
博斯，萨姆多和盖根奥品牌展厅（伊利诺伊州，布罗德维） 512
杜恩贝切儿童医院（俄勒冈州，波特兰） 514
半岛中心图书馆（加利福尼亚州，帕罗维戴） 516
基督教后期信徒教堂（犹他州，盐湖城） 518
微软卵石海滩员工食堂，市贸中心俱乐部，马卡姆咖啡广场
（华盛顿州，雷得蒙和西雅图；俄勒冈州，波特兰） 520